Schink's Modellbau
Hohenvolkfien 2 • 29496 Waddeweitz
Tel.: 05849-971227
1:8 Trucks, Hänger, Achsen, Felgen, Reifen, Zubehör, über 25 verschiedene Fahrerhäuser, Oldtimer und moderne Trucks, div. Schiffsmodelle
US und Euro Truckmodelle
Hänger
Zubehör
Schiffsmodelle
Fordern Sie unseren 80-seitigen Katalog gegen 5 Euro in Schein an
Besuchen Sie auch unsere Homepage www.schink-1-8.de

RC MACHINES
Claude BURET 03
Besuchen Sie uns ...
RC Machines · Gewerbegebiet · L-6131 Junglinster · Luxemburg
Tel.: 00352 78 76 76-1 · Fax: 00352 78 76 76-76 · email: info@rc-machines.com
Fordern Sie kostenlos unseren Katalog an!
www.rc-machines.com

Gerhard O. W. Fischer

RC-Ketten-, Rad- und Sonderkraftfahrzeuge

Modelle und Vorbilder

NECKAR-VERLAG • VILLINGEN-SCHWENNINGEN

ISBN 3-7883-0686-6

1. Auflage 2005

Printed in Germany by Konrad Triltsch, Print und digitale Medien GmbH,
Johannes-Gutenberg-Str. 1-3, 97199 Ochsenfurt-Hohestadt

Inhalt

Vorwort

Nachdem mein Buch „**Ketten- und Sonderkraftfahrzeuge – Modelle und deren Vorbilder**“ mehrmals überarbeitet und mit fünf verschiedenen Titelbildern in sieben Auflagen erschienen ist, habe ich mich entschlossen, keine weitere überarbeitete Neuauflage, sondern ein gänzlich neues Buch erscheinen zu lassen. Seit dem ersten Erscheinen der ersten Auflage hat sich auf dem Modellbausektor nämlich so viel verändert, dass mir eine neue Konzeption des Buches angeraten schien. So gibt es nun keine allgemein gehaltenen Bauhinweise mehr, denn es hat sich im Laufe der Jahre gezeigt, dass jeder Modellbauer sein Modell individuell baut und gestaltet. Ich lasse daher entweder den Modellbauer selbst zu Wort kommen oder berichte über sein Modell so, wie er es mir beschrieben hat. Einige Modellbauer bauen inzwischen auch Modelle für andere Interessenten oder haben sogar eine Firma gegründet, über die sie Modelle oder Bausätze anbieten. Auch diese kommen zu Wort und können dem Leser zeigen, was sie im Angebot haben. Selbstverständlich werden auch die Baukästen einschlägiger Firmen wie z.B. Tamiya beschrieben, jedoch nicht im Rahmen umfangreicher Bauberichte, da die Bauanleitungen dieser Baukästen so gut sind, dass sich genauere Beschreibungen erübrigen. Panzermodellbauer sind in der Regel bereits erfahrene Modellbauer mit umfangreichen Kenntnissen in Mechanik und Elektronik und benötigen daher keine allzu detaillierten Hinweise zu Bautechniken, Materialien, Bearbeitung usw.

Damit sich die einzelnen Modellbauer untereinander austauschen können, habe ich die Namen und Anschriften genannt, aber bitte bei jeder Anfrage nicht vergessen, Rückporto beizulegen, was eigentlich selbstverständlich sein sollte, leider aber immer wieder vergessen wird. Beim Durchlesen der einzelnen Berichte, die ich von den Modellbauern bekam, habe ich festgestellt, dass es sehr viele verschiedene Bauweisen von Panzermodellen und deren Einzelteilen gibt. So verwendet der eine Modellbauer z.B. Aluminium, ein anderer Messing und ein dritter Holz. Auch was die Anfertigung der Ketten anbelangt gibt es verschiedene Möglichkeiten. Ich rate daher Neulingen, die beabsichtigen, in naher Zukunft ebenfalls ein Panzermodell zu bauen, sich die Bauberichte der einzelnen Modellbauer durchzulesen, denn ich bin überzeugt, dass beim Durchlesen schon im Anfangsstadium viele Unklarheiten beseitigt werden können und nachher beim Bau auf viele Tipps zurückgegriffen werden kann. In sehr vielen Bauberichten beschreiben die Modellbauer z.B. Wege, die sie zunächst gegangen sind, die sich aber später nicht bewährt haben. Sie schildern ihre Misserfolge und wie sie die Probleme lösten. Gerade daraus können Neulinge lernen, nicht

Bild 1 Die sieben Auflagen meines Buches zeigen die Beliebtheit dieses Modellbauzweiges. (Das Buch rechts unten erschien in drei Auflagen)

dieselben Fehler zu machen. Sie erfahren so, wie man evtl. auftretenden Problemen so gleich von Anfang an aus dem Wege gehen kann.

Die in diesem Buch abgebildeten Fotos stammen entweder vom Verfasser oder von den Modellbauern selbst. An dieser Stelle möchte ich den beiden wehrtechnischen Firmen Krauss-Maffei Wegmann KMW und MaK Systems GmbH für die Unterstützung mit Bildmaterial von den Originalen danken.

Da man immer wieder in wehrtechnischen Veröffentlichungen, Berichten und Abhandlungen über die Originalpanzer der Bundeswehr verschiedene und oft sehr unterschiedliche Angaben über Abmessungen, technische Daten, Waffenanlagen und Kommunikationssysteme lesen kann, beziehe ich mich in diesem Heft auf die m. E. kompetenteste Informationsquelle, das Buch „Waffensysteme der Bundeswehr“, erschienen im Report Verlag, als Quellenhinweis. Dabei handelt es sich um eine Publikation, die in Zusammenarbeit mit dem Bundesministerium für Verteidigung erschienen ist. Herausgeber ist der ehemalige Chefredakteur der Zeitschrift „SOLDAT UND TECHNIK“, Herr Oberst a. D. Gerhard Hubatschek.

Neulinge unter den Lesern, die meine bisherigen Bücher nicht kennen, werden sich fragen, was das denn alles für Leute sind, die diese vorbildgetreuen Panzermodelle bauen? Nun, viele von ihnen haben in der Bundeswehr gedient, sind von der Technik der Originalpanzer begeistert und bauen sie daher im Modell nach. Natürlich müssen die Modelle dann auch alle Funktionen der Originale ausführen. Dem häufig gehörten Vorurteil, dass Panzermodellbauer „alles Militaristen“ seien, muss aber auf das Schärfste widersprochen werden. Diese Modellbauer interessieren sich hauptsächlich für die Technik und in einem Panzermodell steckt viel mehr an Technik als in Modellen anderer Sparten.

Da es viele verschiedene Panzertypen gibt, wurde im Buch eine Unterteilung in diese Typen vorgesehen, um so eine gute Übersichtlichkeit zu schaffen. Am Anfang eines jeden Kapitels gehe ich kurz auf die jeweiligen Originale ein und stelle dann die entsprechenden Modelle vor.

Abschließend noch eine Bitte an Modellbauer, die ihr Modell evtl. in einer der nächsten Ausgaben dieses Buches vorstellen möchten: Fotografieren Sie ihr Modell ohne andere, störende Gegenstände vor einem neutralen Hintergrund und vergessen Sie auch nicht Aufnahmen vom Innenleben des Modells. Wie sieht es in der Wanne aus, wie im Turm? Fotos im Freien machen sich immer gut, aber auch hier gilt, dass das Modell natürlich gut zu sehen sein muss. Lassen Sie sich einfach von den Bildern im Buch anregen, auch Ihr Modell gut ins rechte Licht zu rücken.

Und nun wünsche ich Ihnen viel Spaß beim Lesen der Beschreibungen dieser High-Tech-Modelle und beim Betrachten der Bilder. Sicherlich ist dies für viele Leser Anreiz genug, sich einmal selbst im Panzermodellbau zu versuchen.

Gerhard O. W. Fischer

Einleitung

In den letzten Jahren hat der Bau von Panzermodellen stark zugenommen. Außer denjenigen, die schon längere Zeit Panzermodelle bauen, sind es meist Modellbauer, die bereits im Truckmodellbau ihre Erfahrungen gesammelt haben und sich nun wegen der noch vielseitigeren Technik, Elektrik und Elektronik für den Panzermodellbau entschieden haben. Dazu kommt häufig das Interesse an der speziellen Fahrtechnik von Kettenfahrzeugen.

Unter den nachgebauten Panzern nimmt der schon legendäre LEOPARD eine Sonderstellung ein. Bereits nach Auslieferung des LEOPARD 1 im Jahre 1965 begannen schon damals begeisterte Panzermodellbauer ihn im Maßstab 1:7 nachzubauen. Später entstanden weitere Ausführungen, so z.B. der Typ LEOPARD 1A4. Der LEOPARD 2 erlangte schließlich weltweite Anerkennung, er gilt heute als bester Kampfpanzer der Welt und wird von 15 Nationen eingesetzt.

Bild 2 Eines der ersten Panzermodelle des Typs LEOPARD 1 im Maßstab 1:7

Ist es das Aussehen oder die Technik, die Modellbauer am LEOPORAD so begeistert? Vielleicht ist es beides. Jedenfalls steht fest, dass Modelle des LEOPARD 2 in all seinen Varianten auf Modellbauausstellungen am meisten zu sehen sind. Vom Grundkonzept her gesehen ist der LEOPARD 2

Bild 3 LEOPARD 1A4 im Maßstab 1:7

Bild 4 Ein LEOPARD 2 im Maßstab 1:7

Bild 5 Das Original eines LEOPARD 2-Kampfpanzers auf dem Truppenübungsplatz bei Munster

Bild 6 Ein LEOPARD 2A5 im Maßstab 1:7. Erkennungszeichen dieses Panzertyps ist der vorne spitz zulaufende Turm

ein konventioneller Turmpanzer mit einer 120-mm-Glattrohrkanone. Immer wieder verbessert, entstand der LEOPARD 2A6, zu erkennen an seinem vorne spitzen und nach hinten weit herausragenden Turm. So weit zum Äußeren der Modelle. Wer sich für die Technik interessiert, dem gehen meist die Augen über, wenn der Turm eines Modells abgenommen und der Blick in die Wanne auf die Maschinenanlage und die Elektrik frei wird. Angetrieben werden die Modelle meist von zwei Elektromotoren, Drehzahlsteller und Fahrakkus befinden sich ebenfalls in der Wanne, meist kommt dann noch ein Geräuschgenerator dazu, der mittels Verstärker und Lautsprecher die Fahrgeräusche des Originals erzeugt.

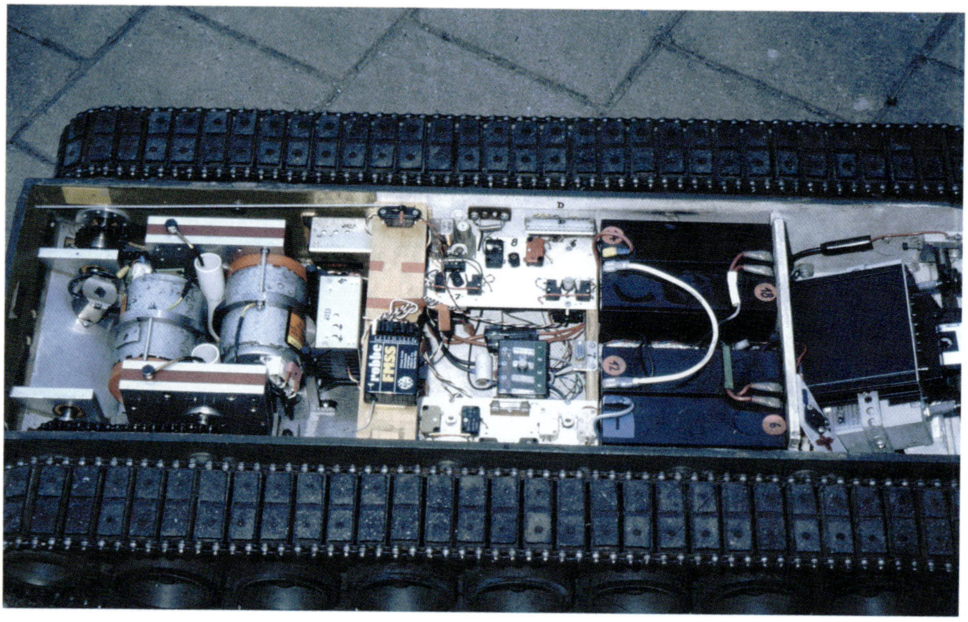

Bild 7 Blick in die Wanne eines LEOPARD 2-Modells im M 1:7. Links die Antriebsanlage, in der Mitte die Elektrik und Elektronik, daneben die vier Bleiakkus

Der Turm ist häufig aus Aluminium gefertigt, natürlich um 360 Grad drehbar und in den meisten Fällen ist auch die Kanone voll funktionsfähig. Geschossen wird in der Regel mit Schreckschussmunition, bei vielen Modellen erfolgt nach jedem Schuss auch der Auswurf einer Messinghülse, ganz wie beim Original. Die komplette Schießanlage ist im Turm integriert, natürlich lässt sich auch das Geschützrohr heben und senken und das Periskop des

Bild 8 Antriebsanlage eines weiteren LEOPARD 2-Modells

Kommandanten drehen. Um unnötige Kabelverbindungen zu vermeiden, sind Wanne und Turm meist mit einer jeweils eigenen Stromversorgung ausgestattet.

Panzermodelle in den Maßstäben 1:10 bis 1:5 sind nicht eben mal schnell zusammenzubauen. Bauzeiten von 3000 bis 5000 Stunden sind keine Seltenheit. Ein LEOPARD im Maßstab 1:7 ist etwa 1 m lang, 40 cm breit und 50 cm hoch, als Gewicht kommen leicht 50 bis 80 kg zusammen, je nach Ausstattung und Antrieb. Da es nicht jedermanns Sache ist, sich selber an die Entwicklung passender Elektronik zu machen, hat sich der Ingenieur Josef Rammerstorfer, selbst ein erfahrener Panzermodellbauer, seit Jahren mit der Entwicklung von einzelnen Komponenten für den Panzermodellbau beschäftigt. Mit den im Abschnitt 1.12 aufgeführten Steuerkomponenten lassen sich ähnlich einem Baukastensystem nach und nach Panzermodelle ausrüsten und ausbauen, bis der gewünschte Stand erreicht ist. Passende Soundmodule für Panzermodelle hat Herr Thomas Benedini entwickelt, darauf gehe ich im Abschnitt 1.17 ein.

Ein Panzermodell so vorbildgetreu wie möglich nachzubauen heißt, dass es in jedem Detail dem Original maßstabsgerecht entsprechen muss. Bei einem Funktionsmodell gehört weiter dazu, dass es in der Lage sein soll-

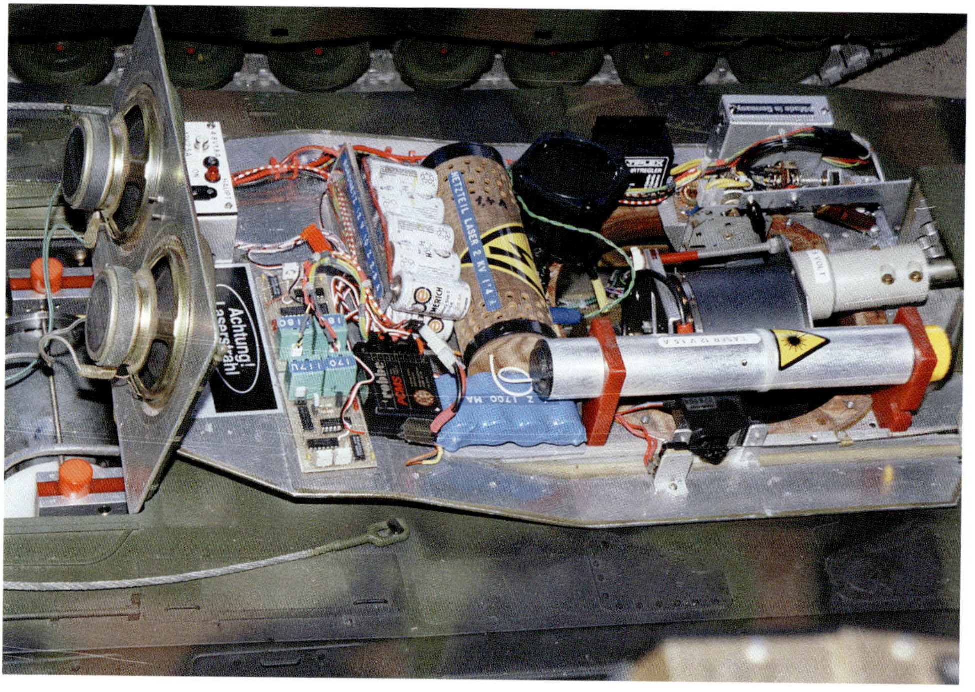

Bild 9 Blick in den Turm eines LEOPARD 2-Modells mit Laser-Zielmarkierer

Bild 10 Vollgestopft mit Elektronik ist auch der Turm dieses LEOPARD 2-Modells

te, auch möglichst alle Funktionen des Originals auszuführen. Bei vielen Modellen geht die Detailtreue so weit, dass selbst Werkzeuge, Abschleppseile, Ersatzkettenglieder, Benzinkanister, Stahlseile und andere Kleinteile hergestellt und angebaut werden.

Einige Modellbauer statten ihre Modelle auch mit Besatzungsmitgliedern aus, sprich Kommandant und Ladeschütze in den Turmluken und dem Fahrer vorne in der Wanne. Die Uniformen der Besatzung werden meistens von den Frauen oder Freundinnen der Modelbauer maßgeschneidert.

Um ein Panzermodell lenken zu können, muss die Möglichkeit bestehen, die Ketten unabhängig voneinander zu steuern, da bei einem Kettenfahrzeug die Änderung der Bewegungsrichtung durch unterschiedliche Geschwindigkeiten der Ketten eingeleitet wird. Soll das Modell eine Wendung ausführen, wird die jeweils kurveninnere Kette abgebremst, während die kurvenäußere weiterläuft. Je größer der Geschwindigkeitsunterschied der Ketten ist, desto enger wird die Wendung. Für das sog. „Wenden um die Hochachse“, sprich ein Drehen des Panzers auf der Stelle, läuft eine Kette vorwärts, die andere rückwärts. Um ruckartige Bewegungen bei der Steuerung zu vermeiden, werden die Antriebsmotoren am besten stufenlos über elektronische Drehzahlsteller angesteuert und selbstverständlich muss man auch eine Umschaltung von Vorwärts- auf Rückwärtsfahrt vorsehen.

Weiter gehört zum vorbildgetreuen Verhalten eines Panzermodells, dass sich der Turm in beide Richtungen um 360 Grad drehen und die Kanone heben und senken lässt, was durch kleine Elektromotoren mit Getriebe erreicht wird.

Der Bau eines Panzermodells (ausgenommen eines Bausatzes) ist nicht einfach und ohne Fachkenntnisse in Mechanik und Elektronik kaum zu schaffen, falls nicht gute Freunde über diese Erfahrungen verfügen und helfend einspringen. Hinzu kommt, dass man besonders bei der Bearbeitung von Metallen gutes Werkzeug zur Hand haben muss, in vielen Fällen sind Werkzeugmaschinen unerlässlich oder man muss zumindest die Möglichkeit haben, sie zu benutzen. Bei Modellen nach eigenen Vorstellungen beginnen die Schwierigkeiten häufig bereits bei der Planung, da es in der Regel keine entsprechenden Baupläne oder Fertigteile gibt. Lediglich Komponenten wie Achsen, Zahnräder und anderes Kleinmaterial sind erhältlich. Beim Panzermodellbau muss man eben viel Kreativität entwickeln, um ans Ziel zu kommen. Wer sich jedoch fest vorgenommen hat, ein Modell zu bauen, wird es mit Geduld und Ausdauer auch schaffen.

Wenn der Panzertyp feststeht, den man bauen will, muss man zunächst einmal versuchen, an Bauunterlagen heranzukommen, was nicht einfach ist. Hat man keine Beziehungen zur Bundeswehr oder zu den Herstellerfirmen, bleibt einem nur der Weg, über wehrtechnische Zeitschriften an Aufrisszeichnungen und Fotos heranzukommen. Ist auch das nicht möglich oder nur schwer zu schaffen, kann man sich einen Plastik-Bausatz des Panzers im Maßstab 1:35 beschaffen. Für Militärmodelle in diesem Maßstab gibt es eine Menge verschiedener Anbieter, so dass der gewünschte Panzer-Typ fast immer als Plastik-Modell erhältlich ist. Das Plastik-Modell wird dann sorgfältig zusammengebaut und während des Baus bzw. nach Fertigstellung können alle benötigten Maße mittels Stechzirkel oder Messschieber abgenommen werden. Die so gewonnenen Maße kann man nun auf den gewünschten Maßstab umrechnen und sich anschließend die benötigten Zeichnungen selber anfertigen.

Anschließend stellt sich die Frage, aus welchem Material das Modell gebaut werden soll. Viele der nachfolgend gezeigten Panzermodelle entstanden in Gemischtbauweise, in Ganzmetallbauweise oder in Holzbauweise. Auch die Verwendung von Kunststoffteilen ist natürlich möglich. Bei der Metallbauweise wird bevorzugt Aluminium, für einzelne Teile auch Messing verwendet. Den Bau beginnt man mit der Herstellung der Wanne. Wer sein Modell in Holzbauweise aufbauen möchte, besorgt sich Sperrholzplatten in den Stärken 4 und 5 mm. Da die Wanne später die beiden Antriebsmotoren, Getriebe und Fahrakkus aufnehmen muss, also alles verhältnismäßig schwere Teile, sollte sie sehr stabil gebaut werden. Bei der Verwendung von Aluminium genügen meist 3 mm Blechstärke für die Seitenwände und 4 mm für die Bodenplatte.

Bei der Herstellung des Fahrgestells, also der Laufrollen, der Stützrollen, Antriebskränze und Leiträder, wird man ohne Drehbank nicht auskommen, es sei denn, man kann passende Fertigteile (z.B. Conrad-Electronic) verwenden. Passen diese Fertigteile nicht und steht auch keine Drehbank zur Verfügung, muss man sich diese Teile in einer mechanischen Werkstatt anfertigen lassen. Die Drehstäbe für die Federung müssen aus Federstahl bestehen.

Für den Turmbau können die gleichen Materialien wie für die Wanne verwendet werden. In einigen Fällen haben sich kupferkaschierte Epoxiplatten (Leiterplattenmaterial) gut bewährt. Mit der Plattenbauweise bekommt man die vielen Ecken und Kanten beim Turmbau gut in den Griff und die kupferkaschierten Platten lassen sich sogar miteinander verlöten, ansonsten auch gut verkleben.

Der Bau der Ketten stellt die Modellbauer meist vor ein großes Problem, weshalb in den Maßstäben 1:8 und 1:7 oft Fahrradketten verwendet werden, deren Kettenglieder man dann mit Gummiplatten belegt. Einige Modellbauer fertigen sich eine Form für ein Kettenglied an und lassen die Kettenglieder aus Zink oder Alu gießen. Auch Kunststoffketten werden gerne verwendet. Die Firma Conrad-Electronic vertreibt z.B. Kunststoffketten, die für den Maßstab 1:10 ausgelegt sind.

An den beiden Außenseiten der Wanne befinden sich die Lauf- und Stützrollen für die Ketten. Die Laufrollen sind an Schwingarmen gelagert, die ihrerseits an quer durch die Wanne verlaufenden Drehstabfedern befestigt sind. Diese Aufhängung sorgt dafür, dass sich die Ketten immer den jeweiligen Bodenverhältnissen anpassen können. Die Stützrollen dagegen sind starr gelagert, sie dienen zur Führung der Ketten an der Oberseite des Laufwerks. Den Abschluss der Wanne nach oben hin bildet das Wannenoberteil. Dieses kann ebenfalls aus Blech, Holz oder Kunststoff gefertigt werden. An beiden Seiten ist je nach Vorbild der Kettenschutz anzubringen. Für das Turmdrehen ist ein Zahnkranz vorzusehen, in den ein Ritzel eingreift. Der Motor zum Drehen des Turms kann wahlweise in der Wanne oder im Turm untergebracht werden, der Motor zum Heben und Senken des Kanonenrohrs ist aber auf jeden Fall im Turm zu platzieren. Die Stromversorgung zwischen Wanne und Turm erfolgt dann über Schleifringe und Schleifkontakte.

Ist das Modell im Rohbau fertig, geht es an den Einbau der Motorenanlage, der Elektrik und der Elektronik. Zunächst werden die beiden jeweils über ein Getriebe getrennt auf jede Kette arbeitenden Elektromotoren im hinteren Teil der Wanne eingebaut. Als Motoren eignen sich drehmomentstarke Typen, z.B. auch Scheibenwischer- oder Lüftermotoren aus dem Kfz-Bereich. Die benötigte Leistung richtet sich nach dem Nachbaumaßstab und dem Gewicht des Modells. Die Getriebe müssen meist selbst angefertigt werden. Gleich neben den Motoren sollte man die Drehzahlsteller montieren. Die Fahrakkus platziert man in der Mitte oder im vorderen Teil der Wanne, dort sind dann auch die restlichen Komponenten der RC-Anlage unterzubringen.

1. Panzer der Deutschen Bundeswehr

1.1 Kampfpanzer LEOPARD

Zunächst wurde der LEOPARD 1, später dann der LEOPARD 2 für die Deutsche Bundeswehr entwickelt und gebaut. Beide Typen wurden jeweils in verschiedenen, immer wieder kampfwertgesteigerten Versionen gebaut, die sich voneinander durch den Buchstaben „A“ gefolgt von einer Zahl unterscheiden lassen (z.B. LEOPARD 1 A4 usw.).

Bild 1.1.1 Original-LEOPARD 1A5 (Foto: Firma KMW)

Heute wird der LEOPARD 2 von 15 verschiedenen Nationen gefahren. 1973 gelangten die ersten LEOPARD 2-Prototypen in den Truppenversuch. Als Waffe war zunächst eine 105-mm-Kanone vorgesehen, die später durch die 120-mm-Glattrohrkanone ersetzt wurde. 1977 stellte man den LEOPARD 2 der Öffentlichkeit vor, danach fiel die Entscheidung, 1800 Kampfpanzer LEOPARD 2 A4 anzuschaffen. Weitere Entwicklungen führten dann zum LEOPARD 2 A5 und A6, zu erkennen an dem nach vorne spitzzulaufenden Turm. Im Fahrgestellbereich wurde die Schwenkluke des Fahrers durch eine Schiebeluke ersetzt, beiderseits dieser Schiebeluke ist ein Beschusskragen angebracht. Bei den Laufrollen wurden die bisherigen Nabendeckel aus Aluminium durch solche aus Panzerstahl ersetzt. Geändert wurden auch die Kettenblenden, die nun mit einem neuen Aufstieg versehen sind. Am Fahrzeugheck befindet sich eine Kamera als Rückfahr-

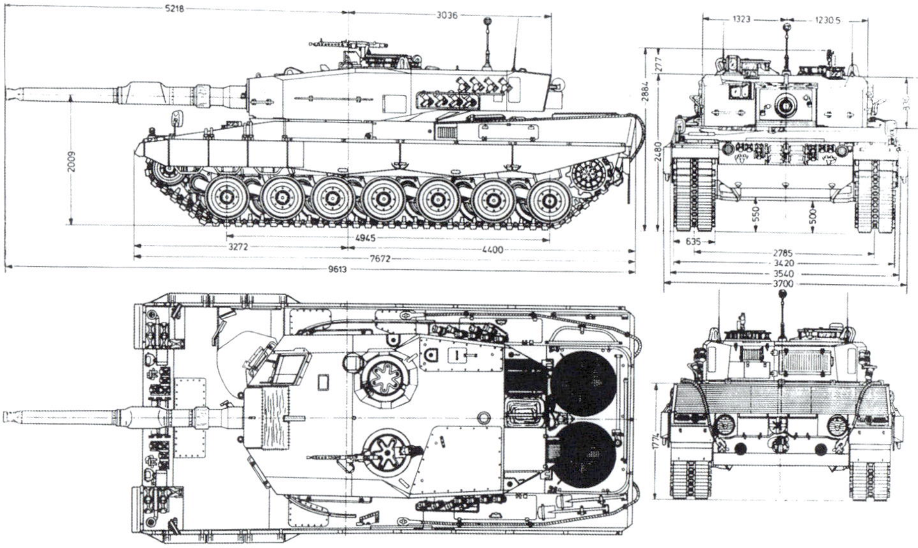

Bild 1.1.2 Vierseitenansicht LEOPARD 2 (Firma KMW)

hilfe für den Fahrer. Die Bildübertragung erfolgt auf einen Monitor im Fahrerraum. Im vorderen Teil des Fahrgestells wurde die Drehstabfederung vergrößert.

Bild 1.1.3 Original-LEOPARD 2 von hinten

Bild 1.1.4 Ein Original-LEOPARD 2A5, davor das Modell von Herrn Wulf

Wesentliche Änderungen erfolgten auch im Turmbereich. Durch Anbringung von Schutzmodulen an der Turmfront und der Turmseite hat man die Panzerung verbessert. Die Auskleidung des Turmes erfolgte mit LINER-Platten aus Glasfaser-Kunststoff. Das Periskop des Kommandanten wurde versetzt und mit einem Wärmebildgerät (TIM) ausgestattet. Der bisherige hydraulische Turm- und Waffenantrieb wurde durch einen elektrischen Antrieb ersetzt. Neu eingebaut ist auch eine Fahrzeugnavigationsanlage. Die Hydraulikflüssigkeiten in den Rohrbremsen wurden gegen nichtbrennbare Flüssigkeiten ausgetauscht.

Alle diese den Kampfwert steigernden Maßnahmen haben dazu geführt, dass das Gewicht des LEOPARD 2 A5 um ca. 5 t zugenommen hat, sein Gefechtsgewicht beträgt nun 59,5 t.

Technische Daten

	LEOPARD 1	**LEOPARD 2**
Länge mit Rohr:	**9,09 m**	**9,61 m**
Breite:	**3,15 m**	**3,42 m**
Höhe:	**2,27 m**	**2,76 m**
Gefechtsgewicht:	**34,8 t**	**55,2 t (2A5: 59,5 t)**
Leistung:	**610 kW (830 PS)**	**786 kW (1150 PS)**
Geschwindigkeit:	**60 km/h**	**72 km/h**

Besatzung:	**4 Mann**	**4 Mann**
Bewaffnung:	**1 x 105-mm-Kanone**	**1 x 120-mm-Kanone**
	2 x MG 7,62 mm	**2 x MG 7,62 mm**

Bei den Modellbauern gehören die Kampfpanzertypen LEOPARD 1 und 2 zu den beliebtesten Nachbauobjekten. Sie werden meist in den Maßstäben 1:16, 1:10, 1:8 und 1:7 mit allen Details und voll funktionsfähig als RC-Modelle nachgebaut. Das bedeutet bei den größeren Modellen im M 1: 8 und 1: 7, dass sie etwa 1 m lang, 40 cm breit und 50 cm hoch sind. Gewichte von 50 bis 80 kg (je nach Einbauten) sind keine Seltenheit.

Herr **Wolfgang Stauch, Jenner Str. 14, 97464 Niederwerrn**, baute einen LEOPARD 2A5 im Maßstab 1:7 in einer Bauzeit von vier Jahren. Wie er schrieb, dürften dabei etwa 3.500 Arbeitsstunden zusammengekommen sein, aber irgendwann hat er aufgehört, die Stunden zu zählen. Hier sein Baubericht:

„Für die Wannenseitenteile wurde eine Gussform erstellt, anschließend wurden sie auf einer CNC-Fräse bearbeitet. Auch für die Verbinderkette und die Laufrollen entwickelte ich Spritzgussformen. Die Laufpolster auf den Kettengliedern sind auswechselbar. In jede Laufrolle habe ich zwei FAG-Radiallager eingepresst. Die Endverbinder der Kette bestehen aus

Bild 1.1.5 LEOPARD 2A5 im Maßstab 1:7 von Herrn Stauch im Schnee

Bild 1.1.6 Dasselbe Modell von Herrn Stauch im Sommer im Gelände

Bild 1.1.7 Frontansicht des Modells LEOPARD 2A5 von Herrn Stauch

Bild 1.1.8 Heckansicht des Modells LEOPARD 2A5 von Herrn Stauch

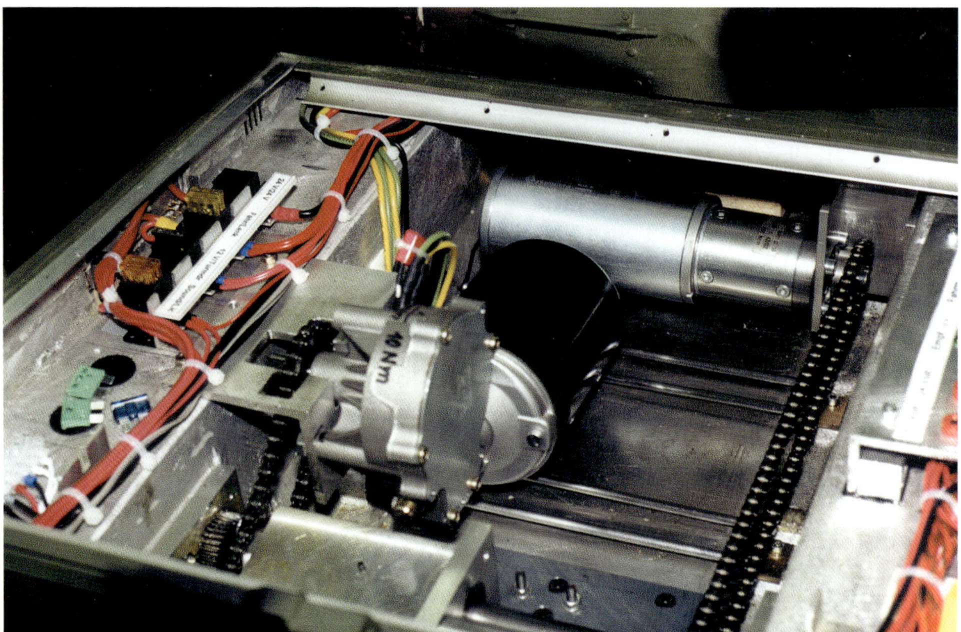

Bild 1.1.9 Ein Blick in die Wanne des Modells von Herrn Stauch bei abgenommenem Oberteil

CNC-gefrästem Stahl und wurden mittels Gewindeschrauben (wie beim Original) auf die Kettenbolzen gespannt. Für die Federung verwendete ich (ebenfalls wie beim Original) runden Federstahl. Die Drehstäbe sind jeweils in der gegenüber liegenden Wannenseite verankert, sie sind entsprechend vorgespannt, um einen negativen Federweg zu erhalten.

Die seitlichen leichten und schweren Kettenschürzen lassen sich nach oben und unten klappen, sämtliche Luken und Klappen am Modell sind beweglich ausgeführt. Der Antrieb erfolgt über einen 24-Volt-Hauptfahrmotor (Dunker mit Planetengetriebe) und einen Lenkmotor von Bosch (24 Volt mit Schneckengetriebe). Die Schneckengetriebe übertragen ihre Kraft jeweils über Rollenketten auf ein Lenkdifferentialgetriebe. Die Schneegreifer wurden mittels einer Kautschukform aus Zinn gegossen.

Das Periskop ist stufenlos drehbar, eine von einem 12-Volt-Getriebemotor augetriebene Exzenterscheibe bewegt die Bordkanone. Für die Geschwindigkeitsregelung verwende ich zwei Drehzahlsteller der Firma Nessel. Ein Soundmodul von Herrn Benedini (meiner Meinung nach das Beste, was erhältlich ist), sorgt für eine vorbildgetreue Geräuschkulisse. Die Übertragung der elektrischen Impulse vom Turm zur Wanne erfolgt über Schleifringe. Als Fernsteueranlage ist eine F 14 von robbe eingebaut, als Fahrakkus dienen Blei-Gel-Akkus. Die Hauptgruppen wurden in Zusammenarbeit mit Herrn Bernd Klöpfer erstellt."

Auch Herr **Andreas Wulf, Dornbreite 7m, 23556 Lübeck**, baute einen LEOPARD 2 A5 im Maßstab 1:10 nach. Hier sein Bericht:

„Der LEOPARD 2 A5 faszinierte mich schon lange und der Wunsch, ein Modell zu bauen, wurde bei mir immer größer. Leider bin ich nicht im Besitz einer gut ausgerüsteten Werkstatt mit hochwertigen Werkzeugen. Da kam mir der Kontakt zu Herrn Peter Müller in Alfeld sehr gelegen. Schnell stand der Entschluss fest, einen Bausatz von ihm zu kaufen. Gleich vorweg: Der Bausatz war in einer hervorragenden Qualität gefertigt und lässt sich mit normalen, handelsüblichen Werkzeugen montieren.

Als Erstes wurde die Aluminium-Wanne montiert, die Schwingarmlager eingeschraubt und die Halter für die Kettenschürzen befestigt. Anschließend habe ich die Stoßdämpfer zusammen gebaut und an die Wanne geschraubt, danach wurden die Stützrollen befestigt, die Laufrollen montiert und auf die Schwingarmlager gesetzt. Wichtig ist es, die Gleitlager leicht zu schmieren. Nun wurde das gesamte Fahrwerk montiert und auf Funktion überprüft. Für die Spachtel- und Lackierarbeiten wurde das Fahrwerk dann wieder auseinander genommen.

Bild 1.1.10 LEOPARD 2A5-Modell von Herrn Wulf

Bild 1.1.11 Frontansicht des Modells von Herrn Wulf

Den rutschfesten Belag auf der Wanne und dem Turm fertigte ich aus 180er-Schleifpapier, welches ich mit UHU-Endfest aufklebte. Mit Hilfe von sehr guten Originalaufnahmen vom Originalpanzer konnte jetzt die Detaillierung vorgenommen werden. Abweichend vom Bausatz fertigte ich das Hauptzielgerät EMS 15 selber und stellte die Schutzklappen funktionsfähig her. Ebenso wurde das Kanonenrohr vorne mit dem Feldjustierspiegel versehen.

Danach wurde die Kette zusammengesetzt, sie besteht auf jeder Seite aus 70 Kettengliedern. Jeweils zwei Kettenbolzen werden in einen Endverbinder gepresst, danach schiebt man die Kettenglieder auf. Anschließend wird der andere Endverbinder aufgepresst. Man sollte auf die Leichtgängigkeit der Kettenglieder achten und die Endverbinder mit Spezialkleber vor dem Abrutschen sichern. Nun wurde der Turm fertig montiert. In das Hilfsziel-

Bild 1.1.12 Detailansicht des Turms

rohr baute ich einen Laser zur Zieldarstellung ein. Der Turm wird durch einen Getriebemotor gedreht, ebenso kann das Geschützrohr gehoben und gesenkt werden.

Zur Lackierung verwendete ich Farben von der Firma Revell, diese lassen sich problemlos mit der Airbrush verarbeiten. Das Tarnmuster habe ich mit Hilfe einer Schablone übertragen. Nach dem Lackieren wurden dann noch

Bild 1.1.13 Ein Blick in die Wanne, deutlich sind die beiden Motoren, Getriebe, Drehzahlsteller und Lautsprecher zu sehen

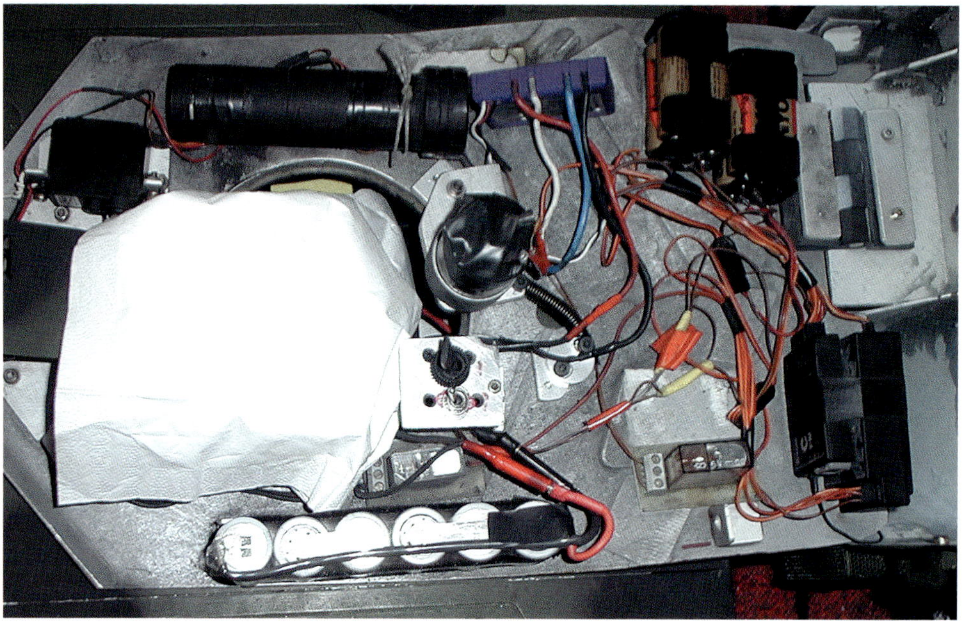

Bild 1.1.14 Die Turmelektronik im Modell von Herrn Wulf

die Kleinteile wie Schneegreifer, Ersatzkettenglieder, Spiegel usw. aufgeklebt.

Für den Antrieb sorgen zwei Marx GT300-Motoren, die auf ein Getriebe mit einer Untersetzung von 27:1 arbeiten. Damit entwickelt das Modell eine sehr hohe Zugkraft. Die Motoren werden durch einen Drehzahlsteller FR 122/3 von Herrn Rammerstorfer geregelt (siehe dazu auch Kapitel 1.12). Natürlich musste auch der Originalsound in das Modell. Dies realisierte ich mit dem digitalen Soundmodul von Herrn Reschke und einem 30-Watt-Breitbandlautsprecher. Selbstverständlich funktioniert auch die Beleuchtung mit Hauptscheinwerfern, Rück- und Bremslicht sowie den Richtungsblinkern.

Nach mehr als sechs Jahren Betriebszeit mit meinem Modell ist das Fahrwerk so ausgereift, dass das Fahren im Gelände richtig Spaß macht. Auch die Getriebeuntersetzung wurde noch mal verändert, wodurch das Modell eine erheblich höhere Geschwindigkeit erreicht, aber immer noch ausreichend Kraft für das Fahren im Gelände hat. Die Funktion der Nebelmittelwurfanlage musste ich aufgrund der Größe einschränken, in der Anlage wird jetzt ein kleiner pyrotechnischer Satz gezündet."

Technische Daten

Länge:	**86 cm**
Breite:	**37,4 cm**
Höhe:	**30 cm**
Gewicht:	**30 kg**
Antrieb:	**2 x 12-Volt-Motoren (300 Watt)**
Stromversorgung:	**12 Volt/12-Ah-Bleiakkus**

Herr **Peter Müller, Gerdagstraße 7, 31061 Alfeld**, ein begeisterter Panzermodellbauer, hat die Firma „Sonderfahrzeug-Modellbau" gegründet und bietet Bausätze zum Bau von einigen Panzermodellen in verschiedenen Maßstäben an, darunter auch die Panzertypen LEOPARD 2 A4, A5 und A6. Bausätze vom LEOPARD gibt es in den Maßstäben 1:16, 1:10 und 1:8. Die Modelle sind aus Aluminium gefertigt, die Teile werden miteinander verschraubt.

Die Bodenwanne wird aus 1,5-mm-Alu CNC-gestanzt und gekantet, die Ecken werden verschweißt. Als Gegenlager der Leiträder für die Ketten sind stabile Aluwinkel mit der Bodenwanne verschraubt. Ebenso sind der Wannenaufbau und der Turm aus Alu gefertigt.

Bild 1.1.15 Teile eines LEOPARD-2-Bausatzes der Firma Peter Müller

Bild 1.1.16 LEOPARD-Bausatz fertig zusammengebaut, jedoch noch ohne Lackierung

Bild 1.1.17 Das Fahrgestell des LEOPARD-Modells von Peter Müller

Bild 1.1.18 Drei LEOPARD-2-Modelle von Peter Müller in den Maßstäben 1:16, 1:10 und 1:8

Bilder 1.1.19 und 1.1.20 LEOPARD 2A5-Modell im M 1:8 von Peter Müller, das Modell ist vom Original kaum zu unterscheiden

Laufrollen und Leiträder sind aus Alu CNC-gedreht und können zur noch besseren Laufqualität wahlweise auch mit teflonbeschichteten Buchsen oder Kugellagern ausgerüstet werden. Als Rollenpolster werden je zwei Gummiringe aufgeklebt. Die Achsen in den Schwingarmen bestehen aus gehärteten 6-mm-Stahlstiften. Jede Laufrolle wird über einen Stoßdämpfer gefedert, der Federweg beträgt 18 mm.

Bild 1.1.21 Blick in den Motorraum des Modells von Peter Müller

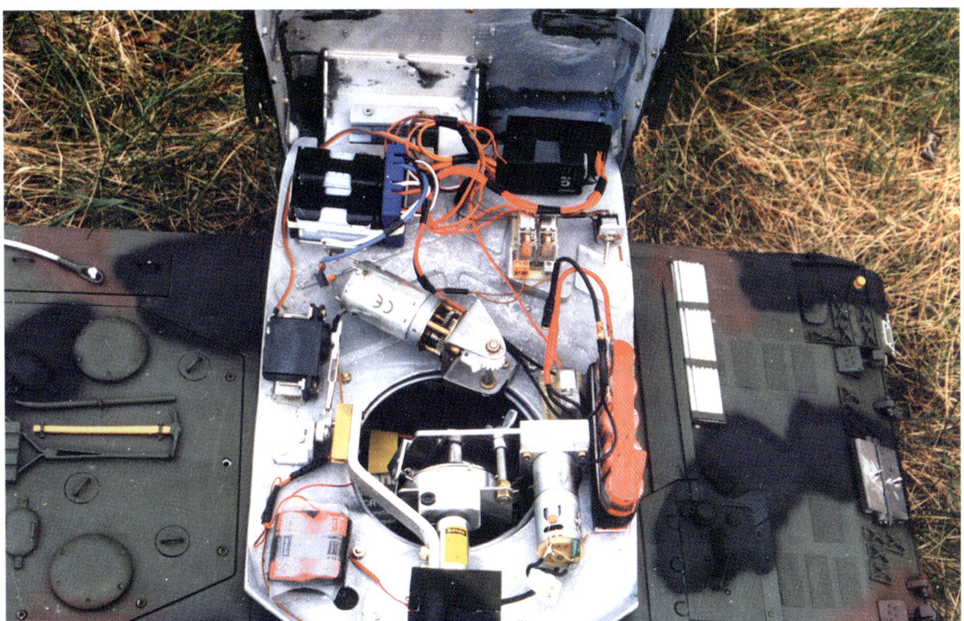

Bild 1.1.22 Blick in den Turm

Die Kettenglieder sind aus Kunststoffspritzguss, die Endverbinder und Kettenbolzen aus Stahl hergestellt.

Die Antriebsachsen sind pro Antrieb zweifach kugelgelagert. Die Kettenräder sind aus Alu gedreht, die aufgesetzten Zahnkränze aus Stahl gelasert. Angetrieben werden die Fahrzeuge über zwei 12-Volt-Getriebemotoren, wahlweise auch mit einer verstärkten Version mit Planetengetrieben.

Ein Modell des Kampfpanzers LEOPARD 1 A4 baute Herr **Thomas Benedini, Müllergasse 15, 52159 Roetgen**, im Maßstab 1:8,75. Dieser ungewöhnliche Maßstab entstand durch den Faktor 4 beim Umrechnen der Maße eines Plastikmodells im Maßstab 1:35, welches als Vorlage diente. Hier sein Bericht:

„Die Wanne des Modells besteht aus 3 mm starkem Aluminiumblech, das Blech wurde gekantet und an den Stoßstellen verschweißt. Mit aufgesetztem Wannenoberteil bietet diese Materialstärke ausreichend Steifigkeit. Der Turm ist aus Aluminium gegossen.

Bild 1.1.23 LEOPARD 2A4 im M 1:8,75 von Herrn Benedini

Die Federung der Laufrollen erfolgt nicht mit Drehstäben sondern mit Schraubenfedern im Inneren der Wanne, welche auf Hebeln an den Schwingwellen wirken. Die erste und letzte Laufrolle auf jeder Seite ist doppelt stark gefedert, um die Kettenspannung möglichst konstant zu halten.

Die Kette besteht aus Fahrradkettengliedern und Platten aus Nylon. Die Kette wurde zerlegt, wobei die Bolzen einseitig verlängert wurden (Silberstahl). Die überstehenden Enden der Kettenbolzen wurden einfach in die vorgebohrten Stirnseiten der Kettenplatten gedrückt. Die Kettenplatten bestehen aus Nylon und wurden aus Platten ausgesägt, die sonst als Belag für Werkbänke dienen. Dieses Material ist sehr weich und überaus abriebfest, außer ein paar Kratzern zeigen sich nach über 15 Jahren Betrieb noch keinerlei Abriebspuren.

Der Turmantrieb wurde mit einem Scheibenwischermotor und handelsüblichem Drehzahlsteller realisiert, die Elevation der Kanone über einen Spindelantrieb in Kombination mit meiner Servoelektronik (siehe dazu auch Kapitel 1.17).

Die elektrischen Signale werden aus der Wanne über einen achtpoligen Schleifring in den Turm übertragen. Diesen Schleifring habe ich aus handelsüblichem Platinenmaterial, Kohlekontakten und Hartpapier hergestellt.

Bild 1.1.24 Blick in die Wanne des Modells von Herrn Benedini

Die Besonderheit dieses Modells besteht jedoch im Antrieb durch einen Verbrennungsmotor in Kombination mit einem stufenlosen Riemengetriebe (Variomatik). Der Motor stammt aus einem Freischneider, in dem bereits eine Fliehkraftkupplung mit Gebläsekühlung integriert ist. Die Frischluft wird durch zwei große Öffnungen an der Turmunterseite angesaugt und über einen Ventilator am Heck wieder ausgestoßen. Um den typischen „Rasenmähersound" zu vermeiden, wurde ein großvolumiger Auspuff eingebaut, jedoch ohne Erfolg. Die dominanten mechanischen Laufgeräusche des Motors lassen sich so nicht beeinflussen. Daher wurde der Motor so

Bild 1.1.25 Teilansicht der Antriebsanlage

Bild 1.1.26 Turmdrehkranz, Lüfter und Lautsprecher

gut wie möglich schallgedämmt und mit einem meiner Soundmodule übertönt (siehe dazu Kapitel 1.17).

Die Baugröße des Motors ist für ein Modell dieses Maßstabs gerade noch beherrschbar, der Zylinder ragt weit in den Turm hinein und dürfte keinesfalls größer sein. Der Motor ist über eine Klauenkupplung an die Variomatik gekoppelt, der Kraftfluss erfolgt im Weiteren über eine Zwischenuntersetzungsstufe in das Umkehrgetriebe, um die Rückwärtsfahrt zu ermöglichen. Danach folgt ein Differential, welches als Lenkgetriebe arbeitet. An den Abtriebswellen befindet sich auf jeder Seite eine Lenkbremse. Die Lenkbremsen sind als Bandbremsen ausgeführt, was sich jedoch nicht bewährt hat, da diese Bremsen eine Vorzugsrichtung haben. Dies führt zu einem sehr schnellen Blockieren der Bremse bei Vorwärtsfahrt und einer mangelhaften Bremsleistung bei Rückwärtsfahrt. Hier wären Scheiben- oder Trommelbremsen zu bevorzugen (aus dem Fahrradbereich). Die Anlenkung der Bremsen erfolgt über einen Kfz-Fensterhebermotor in Kombination mit meiner Servoelektronik.

Das Umkehrgetriebe ist im Prinzip ebenfalls ein Differential. Bei Vorwärtsfahrt besteht mittels einer Schaltklaue eine kraftschlüssige Verbindung zwischen Eingangswelle und Differentialgehäuse. Somit hat die Ausgangswelle die gleiche Drehrichtung wie die Eingangswelle. Im Rückwärtsfahrbetrieb wird die Schaltklaue der Eingangswelle aus dem Differentialgehäuse gezogen und im Gegenzug das Differentialgehäuse blockiert, wodurch sich die Drehrichtung der Ausgangswelle umkehrt.

Das Variomatik-Getriebe basiert auf zwei der Länge nach geteilten Riemenscheiben, deren Hälften auf ihrer Welle verschoben werden können. Die beiden Hälften der Antriebsscheibe werden mit einer Feder zusammengedrückt. In der Antriebsscheibe befinden sich Fliehgewichte, die ab einer bestimmten Drehzahl die beiden Scheibenhälften zusammendrücken. Im Ruhezustand stehen die beiden Hälften der Antriebsscheibe weit auseinander, die der Abtriebsscheibe liegen dagegen aneinander. Somit ist der wirksame Scheibendurchmesser an der Antriebsscheibe klein und der an der Abtriebsscheibe groß, wodurch sich eine große Untersetzung ergibt. Wird die Antriebsscheibe durch die Fliehgewichte zusammengedrückt, so wandert der Riemen dort nach außen und wird an der Abtriebsscheibe nach innen gezogen, was durch die abgefederten Scheibenhälften ermöglicht wird. Dies führt zu einer kleinen Untersetzung und somit zu einer höheren Geschwindigkeit."

Technische Daten

Länge:	**86 cm**
Breite:	**39 cm**
Höhe:	**25 cm**
Gewicht:	**55 kg**
Kettenrad-durchmesser:	**70 mm**
Bordspannung:	**12 Volt**
Motor:	**28 cm³, 2-Takt, 1 PS**
Gesamtuntersetzung (kleinste Stufe):	**1:29**
Geschwindigkeit:	**ca. 10 km/h**

Herr **Klaus Wehler, Planckstraße 32, 29221 Celle**, ist Besitzer eines LEOPARD 2A6-Modells im Maßstab 1:8. Wie er dazu kam, schrieb er mir. Hier sein Bericht:

„Das jetzt in dieser Form existierende Modell des Kampfpanzers LEOPARD 2A6 war in seinem früheren Leben die Ausführung 2A4.

Das Modell war zunächst im Besitz des Erbauers, der es auf der Grundlage von Plänen gebaut hatte, die nach den Maßen des Originals entstanden.

Bild 1.1.27 LEOPARD 2A6 im Maßstab 1:8 von Herrn Wehler

Ein ehemaliger Unteroffizier und Panzerkommandant hatte die Genehmigung erhalten, einen Kampfpanzer LEOPARD 2A4 in allen Einzelheiten zu vermessen, um danach Zeichnungen erstellen zu können. Die Bauzeit des Modells belief sich auf ca. zwei Jahre. Verwendet wurde hauptsächlich Aluminium, nach der Fertigstellung des Modells wurde es bei verschiedenen Ausstellungen gezeigt.

Das Modell war fahrfertig und mit vollständiger Beleuchtung ausgestattet, Turm und Rohr waren beweglich. Im Turm war ein Abschussgerät installiert, mit dem Platzpatronen und Raketen vom Kaliber 15 mm verschossen werden konnten. Diese Einrichtung wurde dem Panzermodell letztlich zum Verhängnis: Bei einer Vorführung blockierte das mit Raketen geladene Magazin. Durch die Zündung einer Patrone wurden die anderen Raketen initiiert und explodierten. Obwohl die Alu-Platten von Turm und Wanne verschweißt worden waren, gab es erheblichen Schaden. Durch den Druck der Feuereinwirkung auf das gesamte Modell dehnten sich in der Wanne einige Schweißnähte, Elektrik und Elektronik wurden in Mitleidenschaft gezogen. Der Turm verformte sich, einige Platten wurden dermaßen deformiert, dass die Nähte aufrissen. Am Turm befestigte Ausrüstungsgegenstände und Winkelspiegel flogen bis zu fünf Meter hoch. Dieses Wrack stand nun einige Jahre bei dem Erbauer, bis er es mir überließ.“

Hinweis des Autors:

Diese ausführliche Schilderung über einen Betriebsunfall zeigt, dass mit allen pyrotechnischen Einrichtungen nur mit äußerster Vorsicht umgegangen werden darf. Vor allem junge Panzermodellbauer sollten auf ihre älteren Kollegen hören und vor allem unter allen Umständen von selbstgebastelter Munition Abstand nehmen!

„Da eine umfangreiche Restaurierung nötig war, beschloss ich, das Modell auf den neuesten Stand zu bringen und es zu einem LEOPARD 2A6 umzurüsten. Wesentliche Änderungen an der Wanne waren der Einbau einer neuen Fahrerluke und das Anbringen verschiedener Ausrüstungsteile. Vom Turm war ohnehin nur noch die Grundplatte mit Drehkranz brauchbar, so dass das komplette A6-Profil aufgesetzt werden konnte. Im Turm wurde ein Laser eingebaut, der durch das Rohr das Ziel beleuchtet. Schießen sollte das Modell aus nahe liegenden Gründen nicht mehr!

Weiterhin wurde im Fenster des Wärmebildgerätes eine winzige Videokamera mit Funkübertragung installiert, so dass das Bild auf einen externen Monitor übertragen werden kann. Das klappt auch während der Fahrt, so dass man das Modell dann auch ohne Sichtkontakt fernsteuern kann. Nur muss dabei natürlich gewährleistet sein, dass der Turm auch genau auf 12 Uhr steht, sonst irrt man ziellos durch die Gegend.

In die Wanne wurden vier 12-Volt-Bleiakkus für den Fahrbetrieb und zwei Akkupacks für die Versorgung des Empfängers, des Motorgeräuschmoduls und des Turmdrehmotors eingebaut. Alle Akkus werden über eine speziell angefertigte Elektronik, die in der Wanne eingebaut ist, mit nur einem Kabel geladen. Den Fahrbetrieb regeln zwei auf die Bedürfnisse des Fahrzeuges zugeschnittene Drehzahlsteller, die mit bis zu 80 A belastet werden können. Eine über Funk zu betätigende Elektronik ermöglicht das Umschalten des Fahrstroms während der Fahrt von 12 Volt auf 24 Volt, was einer stufenlosen 2-Gangschaltung gleichkommt. Die Beleuchtung ist komplett installiert. Für die elektrische Verbindung zwischen Ober- und Unterwanne (die ja gelegentlich zu Wartungszwecken getrennt werden müssen) sorgen einige gefederte Kontakte.

Bild 1.1.28 Der Antrieb des Modells von Herrn Wehler

Die Ketten bestehen bei diesem Modell aus Teilen einer Fahrradkette mit dazwischengesetzten Kunststoffteilen und einem eingesetzten Führungszahn, die Kettenpolster sind aus Gummi. Hierfür hat sich Schuhsohlengummi gut bewährt. Die Verwendung von Fahrradkettenteilen gewährleistet eine enorme Belastbarkeit und Haltbarkeit. Die außen sitzenden Glieder

Bild 1.1.29 Im vorderen Teil der Wanne befinden sich die Fahrakkus und die Elektronik

der Fahrradkette ergeben dazu das recht originalgetreue Aussehen von Endverbindern. An den vorderen Kotflügeln und dem unteren Wannenbug sind entsprechend den neuesten Erkenntnissen der Panzertruppenschule in Munster Gummischürzen angebracht, die das Verstauben der Optiken, insbesondere bei Rückwärtsfahrt, weitgehend verhindern sollen. (Ist bei den Originalpanzern noch nicht eingeführt.)

Das fertige Modell entspricht im Aussehen dem Original und wiegt trotz massiver Bauweise nur 65 kg. Durch die zwei Fahrmotoren mit den angeflanschten Getrieben ist es in der Lage, wie sein Vorbild durch gegenläufige Kettenbewegungen auf der Hochachse zu wenden. Die Laufrollen sind mit 4 mm starken Drehstäben gefedert. An den vorderen und den hinteren Schwingarmen arbeiten, wie beim großen Bruder, funktionsfähige Stoßdämpfer. Die Laufrollen und die beiden Leiträder sind mit je zwei staubgeschützten Kugellagern ausgestattet, so dass das Modell sehr „leichtfüßig" rollt. Die Kettenspannung wird wie beim Original am Leitrad eingestellt. Die Beleuchtung ist wie gesagt komplett funktionstüchtig, Turm, Rohr und Schürzen sind beweglich. Die Elevation der Kanonen wird durch ein kleines Getriebe mit Exzenter vorgenommen, dadurch ist auch gewährleistet, dass das Rohr bei richtiger Einstellung nirgendwo an der Wanne oder am Turm anschlägt, außerdem wird kein Endabschalter benötigt. Ein Original-Motorgeräusch, von einem Leopard-2-Motor aufgenommen, sorgt für den richtigen Sound. Der Schall wird drehzahlabhängig über zwei Lautsprecher im Heck durch die Lüftergitter abgestrahlt.

Der Turm hat eine eigene Stromversorgung und einen eigenen Empfänger, eine Elektronik regelt die Versorgung der verschiedenen Verbraucher, sprich Empfänger, Kamera und Laser, mit unterschiedlicher Spannung aus nur einem Akkupack.

Die Akkuspannung in der Wanne wird elektronisch überwacht, so dass eine Tiefentladung der Akkus vermieden werden kann.

In all den Jahren, in denen ich das Modell wirklich schonungslos durch die Gegend gescheucht habe, gab es bisher nur wenige Schäden: Ein verlorenes Kettenpolster, zwei gebrochene Kettenglieder, ein verbogener Stoßdämpfer und ein gebrochener Hohlspannstift. Alles war im Wege der „Feldinstandsetzung" leicht zu reparieren."

Ein weiteres Modell des Kampfpanzers LEOPARD 2A4 im Maßstab 1:8 baute vor längerer Zeit Herr **Olaf Hackbarth, Feldmannhof 8, 30419 Hannover**. Ich zeige das Modell auf einem Foto.

Bild 1.1.30 LEOPARD 2A4 im Maßstab 1:8 von Herrn Hackbarth

Die Firma **M. Gottschalk-Neumann, Frickenhöchstadt 17, 91487 Vestenbergsgreuth**, bietet einen Bausatz des Panzers LEOPARD 1A4 im Maßstab 1:10 an.

Der Bausatz enthält die vormontierte Unterwanne, die fertig gegossene Oberwanne, den Turm mit gedrehter Kanone, alle Beschlagteile, die Ketten, Laufrollen und Montagepläne. Das Modell wurde so konzipiert, dass ein realistisches Fahren auch im Gelände möglich ist. Die Drehstabfederung wirkt wie beim Originalpanzer, so dass Unebenheiten leicht überwunden werden können.

Außerdem wird für den LEOPARD 1 ein Gussturm als Bausatz geliefert der auch zu den Panzern der früheren Firma VEROMA passt. Der Turm kann mit einer Zusatzpanzerung versehen werden.

Weiterhin werden folgende Nachrüstsätze angeboten: Soundmodule für das Motorgeräusch, MG-Feuer und Kanonenabschuss. Ein Lenkgetriebe mit zwei Elektromotoren sowie Antriebseinheiten für die Kanone und die Turmbewegung. Das fertige Modell wiegt ca. 27 kg.

Bild 1.1.31 LEOPARD 1A4 im M 1:10 von Herrn Neumann in voller Fahrt

Bild 1.1.32 LEOPARD 1A4 von Herrn Neumann im Gelände

Bild 1.1.33 Dasselbe Modell im Schnee

Bilder 1.1.34 und 1.1.35 LEOPARD 1 A1A1 von Herrn Neumann

Herr **Bernd Klöpfer, Benninger Str. 16, 71336 Waiblingen**, erfüllte sich einen lang gehegten Wunsch und begann 1993 mit dem Bau des LEOPARD 2A4. Da die fertige Länge des Modells nicht unter einem Meter liegen sollte, entschied er sich für den Maßstab 1:7. Als 1996 die ersten LEOPARD 2A5 der Bundeswehr überstellt wurden, entschied er sich, sein Modell auf den neuesten Stand zu bringen. Hier sein Bericht:

Bilder 1.1.36 und 1.1.37 LEOPARD 2A5 von Herrn Klöpfer

„Wegen des geringen Gewichtes von Aluminium entschied ich mich für diesen Werkstoff als Baumaterial. Die Einzelteile für den Aufbau der Wanne und des Turmes fertigte ich aus 2 mm starken Blechen, die ich, um maximale Festigkeit zu erhalten, miteinander verschweißte.

Um eine optimale Lagerung des Turmes zu gewährleisten, baute ich mir einen Drehkranz mit einem Durchmesser von 260 mm aus Alu und 135 Stahlkugeln, der ein spielfreies Drehen des Turms ermöglicht. Der Turmantrieb erfolgt über einen Zahnkranz und einen 6-Volt-Elektromotor.

Die Kettenplatten stellte ich aus Flachaluminium mit einem Querschnitt von 8 x 25 mm her. Jedes einzelne Kettenglied musste gebohrt werden, was sich als stupide Arbeit herausstellte. Bei 170 Kettengliedern je vier Bohrungen macht das zusammen 680 Bohrungen. Um die Kettenglieder zu verbinden, verwende ich Verbindungsglieder von Motorsägeketten, die ich mit den Platten verniete. Da ich mit der Optik im Vergleich zum Original nicht zufrieden war, entschied ich mich später, eine aufwändige Spritzform herzustellen und bei einer Spritzgießerei die Kettenglieder aus glasfaserverstärktem Kunststoff spritzen zu lassen. Die so entstandenen Kettenglieder unterscheiden sich jetzt nur noch in ihrer Größe vom Original. Im Vergleich zu den schweren Aluketten laufen diese Kunststoffketten auch wesentlich ruhiger, was am Gewichtsverhältnis der Kette zum Panzer liegt. Dieses Verhältnis sollte beim Modell vergleichbar wie beim Original sein. Bei einem Gesamtgewicht eines Panzers von 50 t entfallen rund 5 t davon auf seine Ketten, dies entspricht also einem Verhältnis von 10:1. Wenn nun ein Modellpanzer 70 kg wiegt, sollten die Ketten ein Gewicht von 7 kg nicht übersteigen. Meine Kunststoffketten wiegen 4,3 kg, die Aluketten dagegen 11 kg. Man kann sich vorstellen, dass schwere Ketten größere Eigenschwingungen erzeugen als leichte.

Die Laufrollen habe ich aus Rundaluminium gedreht, mit einem Gummischlauch überzogen und kugelgelagert. Ein Modellbaukollege bat mich, ihn beim Bau eines LEOPARD in Sachen mechanischen Arbeiten zu unterstützen. So fiel auch hier die Entscheidung für den Bau einer Spritzgussform für die Laufrollen. Hierbei eröffneten sich ebenfalls ganz andere Möglichkeiten, vorbildgetreue Teile herzustellen.

Die Federung der Laufrollen erfolgt über Torsionsstäbe aus Federstahl, die auf der einen Seite der Wanne fest, auf der anderen Seite aber drehbar gelagert und dort fest mit den Schwingarmen verbunden sind.

Als besonders schwierig stellte sich die Suche nach dem optimalen Getriebe heraus. Zuerst versuchte ich es mit zwei auf jede Kette getrennt voneinander arbeitenden Stirnradgetrieben, die mich, was die Fahreigenschaften anbelangten, nicht überzeugten. Danach entstanden zwei Schneckengetriebe, die zwar bei Kurvenfahrten überzeugten, jedoch eine Geradeausfahrt recht schwierig machten.

Nach längeren Überlegungen und zahlreichen neuen Konstruktionen gelang es mir schließlich, ein Getriebe mit zwei Kegelraddifferentialen herzustellen. Ich baute das Getriebe in mein Panzermodell ein und war von den Fahr- und Lenkeigenschaften begeistert. Nach kurzer Zeit musste ich jedoch feststellen, dass die Kräfte, die auf das Getriebe wirkten, zu groß waren und entschied mich für den Bau eines Getriebes mit Stirnraddifferentialen, in dem ich alle Wellen und Zahnräder mit Nadelrollenlagern verbaute. Hierdurch erreichte ich einen optimalen Wirkungsgrad durch geringste Reibungsverluste.

Nach diesen zahlreichen Änderungen und Verbesserungen im Bereich des Antriebes statte ich das Getriebe mit einer Zweigangschaltung aus, um an extremen Steigungen genügend Kraftreserven zu haben. Dank dieser Untersetzung schafft mein LEOPARD enorme Steigungen.

Mein Modell wird von drei 24-Volt-Elektromotoren angetrieben, wobei zwei davon für die Geradeausfahrt zum Einsatz kommen, der dritte Motor wird nur für die Lenkbewegungen benötigt.

Bild 1.1.38 Die Antriebsanlage im Modell von Herrn Klöpfer

Bild 1.1.39 Unterbringung der Fahrakkus im Modell von Herrn Klöpfer

Um die Motorgeräusche eines echten LEOPARD 2-Panzers auf mein Modell zu projizieren, beschaffte ich mir ein Geräuschmodul, auf dem die Originalgeräusche digitalisiert gespeichert sind und von dort über einen Lautsprecher drehzahlabhängig wiedergegeben werden.

Nach 2 1/2 Jahren Bauzeit war mein Modell meinen Vorstellungen entsprechend fertig gestellt, da erfuhr ich von dem neuen kampfwertgesteigerten LEOPARD 2A5, der bei der Bundeswehr in Dienst gestellt wurde. Das neue Outfit dieses Panzers gefiel mir so gut, dass es keine Frage war, mein Modell schnellstmöglich umzurüsten. In bewährter Bauweise fertigte ich einen neuen Turm, da dieser sich erheblich von dem des LEOPARD 2A4 unterscheidet. Ebenso mussten die Kettenschürzen und der Bereich der Fahrerluke, die jetzt nicht mehr drehbar gelagert sondern als Schiebeluke ausgeführt ist, erneuert werden. Die Umbauzeit nahm wieder mehrere Monate in Anspruch.

Mein neues Ziel war es nun, eine Waffenstabilisierungsanlage einzubauen, die bei Fahrt in unebenem Gelände die Kanone den Wippbewegungen des Panzers entgegensteuert. Nachdem mehrere Versuche, dieses Problem mit elektronischen Bauteilen wie z.B. Kreiseln aus Modellhubschraubern zu lösen, nicht zum gewünschten Erfolg führten, entschloss ich mich zum Einbau einer Mechanik. Kernstück ist ein Pendel, das oben im Turm aufgehängt ist und durch den Drehkranz annähernd bis auf den Boden der Panzerwanne reicht. Dieses Pendel richtet sich nach den Gesetzen der Schwerkraft immer vertikal aus. Mit diesem ist die Kanone über Hebel fest verbunden und richtet sich nun, ungeachtet der überfahrenen Bodenunebenheiten, immer horizontal aus. Um die Kanone auch heben und senken zu können, wird ein Gewicht am Pendel mit einem Servo nach vorne oder hinten verschoben."

Wie mir Herr Klöpfer noch mitteilte, können Laufrollen, Ketten, Zahnkränze, Schwingarme und diverse Zeichnungen für diesen Panzertyp von ihm zum Selbstkostenpreis bezogen werden.

Technische Daten

Länge der Wanne:	**110 cm**
Länge mit Rohr:	**137 cm**
Breite:	**53 cm**
Höhe:	**40 cm**
Gewicht:	**80 kg**
Geschwindigkeit:	**10 km/h**
Antrieb:	**2 Elektromotoren 24 Volt / 500 Watt**
Lenkantrieb:	**1 Elektromotor 24 Volt / 500 Watt**
Getriebe:	**2 Differential-Lenk-Fahrgetriebe**
Stromversorgung:	**2 Blei-Gel-Akkus 12 Volt / 10 Ah**

Ein Modell des LEOPARD 2 hat Herr **Heinrich Schultz, Lüder-Wose-Str. 46, 29221 Celle**, im Maßstab 1:8 in Aluminium-Plattenbauweise in einer Bauzeit von ca. fünf Jahren gebaut. Hier sein Bericht:

„Als mein Entschluss fest stand, ein Modell des LEOPARD 2 zu bauen, sichtete ich alle mir zur Verfügung stehenden Bilder und Bücher über diesen Panzertyp. Bald stellte ich jedoch fest, dass ich mit der Arbeit nicht so recht voran kam. Daraufhin sprach ich mit meinem ehemaligen Kompaniechef und erzählte ihm von meinem Vorhaben. (Ich diente in der Bundeswehr in einer Waffeninstandsetzungs-Kompanie). So erhielt ich die Erlaubnis, einen Originalpanzer vermessen und fotografieren zu können.

Bild 1.1.40 Der Vorderteil des LEOPARD 2 von Herrn Schultz im Rohbau. Blick auf Stütz- und Laufrollen sowie die Spannvorrichtung am Leitrad

Bild 1.1.41 Das fertige Modell von Herrn Schultz

Danach skizzierte ich die einzelnen Bauteile und machte mir Gedanken über die Herstellung der Teile unter Verwendung der mir zur Verfügung stehenden Maschinen. Ich bin Werkzeugmacher-Meister und habe die Möglichkeit, nach Feierabend in der Werkstatt zu arbeiten. Nach und nach wurden ca. 280 Zeichnungen angefertigt. In der Zwischenzeit hatte ich mir durch Beziehungen zu Firmen und Schrotthändlern das Rohmaterial besorgt. Nun begann ich mit dem Bau des Modells.

Die Wannenteile, der Wannenaufbau und der Turm wurden verschraubt und geklebt, die Laufrollen aus Aluminium gefertigt und die Gummiringe aus schwarzem PVC-Rohr warm aufgezogen. Jede Laufrolle ist an einem Schwingarm befestigt und dieser ist wiederum mit einem Drehstab verbunden, also genau wie beim Original. Mit Hilfe eines selbst konstruierten Kettenspanners, der auf das Leitrad wirkt, lässt sich die Kette spannen.

Bild 1.1.42 Blick in die Wanne auf die beiden Antriebsmotoren, Getriebe und Fahrakkus

Die Ketten bestehen aus insgesamt 150 PVC-Kettengliedern sowie sechs Fahrradketten. Die Mittelführungsstege sind aus Aluminium gefertigt. Die Herstellung der Ketten war die stumpfsinnigste Arbeit beim ganzen Bau, da natürlich immer wieder die gleichen Arbeitsgänge verrichtet werden mussten.

Sämtliche Zurüstteile wurden in Handarbeit, das Fla-MG aus Zinkguss hergestellt. Das Modell erhielt den Original-Tarnanstrich.

Als Erstantrieb waren zwei Elektromotoren (Scheibenwischermotoren) eingebaut, die ich jedoch wegen der sehr hohen Stromaufnahme bald wieder entfernte. Nun habe ich zwei Lüftermotoren mit angeflanschtem Getriebe eingebaut.“

Technische Daten

Länge:	**119 cm**
Breite:	**42 cm**
Höhe:	**35 cm**
Gewicht:	**55 kg**

Ein weiterer, sehr engagierter Panzermodellbauer ist Herr **Wolfgang Williges, Verdener Landstraße 20, 31582 Nienburg/Weser**.

Sein LEOPARD 1A4-Modell im Maßstab 1:8 wird von zwei 24-Volt-Lüftermotoren (je 750 Watt) angetrieben. Der Turm ist aus Aluminium gefertigt und um 360 Grad drehbar. Die Kanone ist voll funktionsfähig, geschossen wird mit Schreckschussmunition. Nach jedem Schuss erfolgt der Auswurf

Bild 1.1.43 LEOPARD 1A4 im Maßstab 1:8 von Herrn Williges

Bild 1.1.44 LEOPARD 2, ein weiteres Modell von Herrn Williges

einer Messinghülse, womit der Kartuschenauswurf beim Originalpanzer simuliert wird. Die Schießanlage ist voll im Turm integriert. Das Rohr lässt sich von -7° bis +13° heben und senken, das Periskop ist drehbar ausgeführt. Um die Turmtechnik getrennt überprüfen und warten zu können, wurde eine eigene Stromversorgung vorgesehen. Ein Motor- und MG-Geräuschgenerator sind ebenfalls vorhanden, die Geräusche werden von einem 25-Watt-Verstärker verstärkt und über einen Lautsprecher abgestrahlt.

Die Kanone ist stabilisiert, bei jeder Bewegung des Panzermodells reagiert ein Kreisel und steuert den Nickbewegungen entgegen, wenn das Modell z.B. über unebenes Gelände fährt. Weiter wurde ein Laserstrahl-Zielmarkierer eingebaut. Dabei handelt es sich um einen Entfernungsmesser der Firma Bühler-Elektronik, der mit einer Gleichspannung von 2.000 Volt arbeitet. Diese Gleichspannung wird über einen Spannungswandler aus der 24-Volt-Turmspannung erzeugt. Nachdem der Laserstrahl durch Drehen des Turms auf das Ziel ausgerichtet und die Kanone in Elevationsstellung gebracht wurde, wird der Schuss ausgelöst. Beim Weiterfahren des Modells sorgt der Kreisel dann bei jeder abweichenden Fahrbewegung dafür, dass das Kanonenrohr stets in Zielrichtung ausgerichtet bleibt, genau wie beim echten LEOPARD-Panzer.

Doch noch nicht genug damit. Ein weiteres LEOPARD-Modell wurde mit einer 15-mm-Glattrohrkanone und einem Schießautomaten für Raketenge-

Bild 1.1.45 Blick in die Wanne auf den Antrieb des Modells

Bild 1.1.46 Blick in die Turmelektronik

schosse mit einer Verbrauchsanzeige ausgerüstet, die jeden Schuss über einen Infrarotsensor anzeigt. Wenn 15 Schuss verschossen sind, ertönt ein Signal, das anzeigt, dass das Magazin leer geschossen ist. Weiter wurde ein Weißlicht-Zielscheinwerfer und ein elektronisches MG mit Verstärker eingebaut. Da das Panzermodell auch nachts gefahren und gesteuert werden kann, wurde ein Restlichtverstärker vorgesehen. In der maßstabsgerechten Kommandanten-Puppe befindet sich eine Infrarotkamera, so dass alles, was der Kommandant „sieht" per Videosender auf einen externen Monitor übertragen werden kann. Um die ganze Sache noch perfekter zu machen, befindet sich auch noch ein Mini-Tonbandgerät im Modell, von dem die vorher bei einem echten Panzer aufgenommenen Befehle ertönen. Dazu kann man nur sagen: High-Tech-Panzermodellbau!

1.2 Bergepanzer BÜFFEL

Bergepanzer sind die Arbeitspferde der Bundeswehr. Sollen ausgefallene Triebwerke oder sogar der ganze Turm eines Panzers gezogen, Hindernisse beseitigt oder Erdarbeiten durchgeführt werden, dann sind Sie ge-

Bild 1.2.1 Bergepanzer BÜFFEL (Foto: MaK)

fragt. Auch bei Schneekatastrophen oder Erdbeben haben sie sich schon hervorragend bewährt. Ihre Hauptaufgabe ist jedoch das schnelle Bergen eines im Gefecht liegen gebliebenen Panzers.

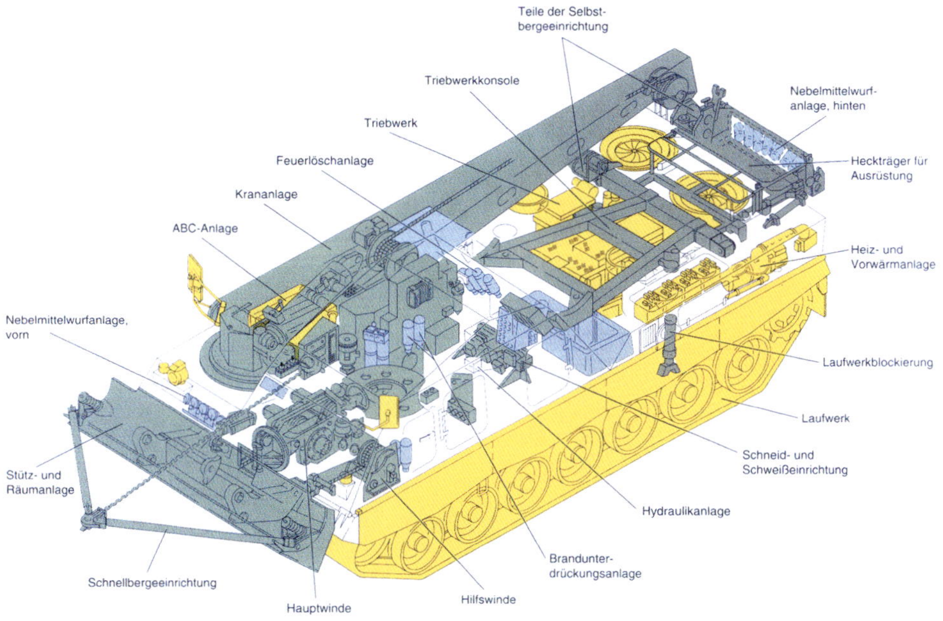

Bild 1.2.2 Aufteilung der einzelnen Komponenten (Foto: MaK)

Bild 1.2.3 Bergepanzer BÜFFEL, Kranausleger hochgefahren (Foto: MaK)

Bild 1.2.4 Der Bergepanzer im Einsatz (Foto: MaK)

Der Bergepanzer 3 BÜFFEL basiert auf dem Fahrgestell des Kampfpanzers LEOPARD 2. Er ist mit einem um 270 Grad schwenkbaren Kranausleger, einer Haupt- und einer Hilfswinde ausgerüstet. Die Krananlage verfügt über eine Hakenlast von 295 kN, die Hauptwindenanlage über eine Zugkraft von 343 kN. Eine Schnellbergeeinrichtung am Räumschild ermöglicht die Bergung von Schadfahrzeugen oder setzt den Bergepanzer in die Lage, sich selbst rückwärts mit dem Hauptwindenseil aus einer kritischen Geländezone zu ziehen. 3 Mann Besatzung bedienen und fahren den 54,3 t schweren Bergepanzer.

Der Bergepanzer BÜFFEL wurde von der Bundesrepublik Deutschland und dem Königreich der Niederlande gemeinsam entwickelt und für die Truppen beschafft. Die Firma MaK Systems ist Hauptauftragnehmer von der Konzeption bis zur Serienfertigung. Mit dem Bergepanzer verfügt die Truppe über ein Unterstützungsfahrzeug, das die Einsatzfähigkeit des Kampfpanzers LEOPARD 2 und anderer schwerer gepanzerter Kampffahrzeuge erheblich verbessert.

Technische Daten

Länge über alles:	**9,07 m**
Breite:	**3,54 m**
Höhe bis Oberkante MG-Lafette:	**2,99 m**
Gewicht:	**54,3 t**
Antriebsleistung:	**1.100 kW**

Neben dem LEOPARD 2 ist der Bergepanzer 3 BÜFFEL ein beliebtes Bauobjekt bei den Panzermodellbauern. Diesem Trend folgend, bringt die Firma **Peter Müller Sonderfahrzeug-Modellbau, Gerdagstraße 7, 31061 Alfeld**, den BÜFFEL in den Maßstäben 1:16 und 1:10 als Bausatzmodell oder Fertigmodell auf den Markt. Der Bergepanzer Standard ist auch im Maßstab 1:8 zu haben.

Die Modellteile werden überwiegend in Aluminium gefertigt und sind zu verschrauben. Die Standardausrüstung der Bausätze enthält: Wannenunter- und -oberteil, Laufrollen, Stoßdämpfer, Ketten aus Gießharz (auf Anfrage auch in Alu-Ausführung lieferbar), Endverbinder und Kettenbolzen aus Stahl. Zur Standardausführung gehören alle Motoren, die für den RC-Betrieb notwendig sind, sowie Beleuchtung und Beschlagteile.

Der Kranausleger wird über einen Getriebemotor gedreht und gehoben. Über einen weiteren Getriebemotor ist das Räumschild absenkbar. Alle Luken sind zum Öffnen, das Wannenoberteil ist abnehmbar, ebenso die Motorraumabdeckplatte und die Schleppstangen. Bei dem hier auf den Bildern gezeigten Modell handelt es sich um den Bergepanzer 3 BÜFFEL im Maßstab 1:16.

Die Bodenwanne wird aus 1,5-mm-Alu CNC-gestanzt und gekantet, die Ecken werden verschweißt. Als Gegenlager der Leiträder sind stabile Aluwinkel mit der Bodenwanne verschraubt.

Die Laufrollen und Leiträder sind aus Alu CNC-gedreht und können zur noch besseren Laufqualität wahlweise auch mit teflonbeschichteten Buchsen oder Kugellagern ausgerüstet werden. Als Rollenpolster werden zwei Gummiringe aufgeklebt. Die Achsen in den Schwingarmen bestehen aus gehärteten 6-mm-Stahlstiften. Jede Rolle wird über einen Stoßdämpfer gefedert, der Federweg beträgt 18 mm. Die Kettenglieder sind aus Kunststoffspritzguss, die Endverbinder und Kettenbolzen aus Stahl gefertigt. Die Antriebsachsen sind pro Antrieb zweifach kugelgelagert, die Körper der Kettenräder aus Alu gedreht und die aufgesetzten Zahnkränze aus Stahl

Bilder 1.2.5 und 1.2.6 *Bergepanzer BÜFFEL im M 1:10 aus einem Bausatz der Firma Peter Müller*

gelasert. Angetrieben wird das Fahrzeug von zwei 12-Volt-Getriebemotoren, wahlweise auch in einer verstärkten Version mit Planetengetrieben.

Die Räumanlage wird mit einem 12-Volt-Getriebemotor über eine Exzenterscheibe angetrieben. Durch den Exzenterantrieb entfällt eine Endabschaltung und die Anlage ist dadurch betriebssicherer. Den stabilen Räumbetrieb gewährleisten starke Alugussarme, die in Buchsen gelagert sind.

Die Hauptteile des Aufbaus bestehen aus 1,5 mm Alublech, CNC-gestanzt und gekantet. Die Kleinteile und Haltewinkel aus Alu werden von Hand gefertigt, eingepasst und verschraubt. Anbauteile, Eisgreifer, Schäkel, Luken, Deckel usw. sind aus Gießharz gefertigt und werden verschraubt oder geklebt.

Der Kranarm aus 1,5-mm-Alu ist ebenfalls CNC gestanzt und gekantet. Das Kranarmlager besteht im Hauptkörper aus Gießharz mit Alukern für die Lagerung. Gedreht wird der Kran von einem 12-Volt-Getriebemotor.

Die Funktion „Kran heben" erfolgt über einen 12-Volt-Getriebemotor mit Spindel. Der Motor und die Spindel sind so in den Hubzylinder eingebaut, dass sie nicht sichtbar sind. Die Seilwinde ist im Kranarm untergebracht und wird über einen 12-Volt- Getriebemotor angetrieben.

Technische Daten

Länge über alles:	**575 mm**
Breite:	**222 mm**
Höhe:	**180 mm**
Gewicht fahrfertig:	**8 kg**
Hauptantrieb:	**2 Getriebemotoren 12 Volt**
Räumanlage:	**1 Getriebemotor 12 Volt**
Kran drehen:	**1 Getriebemotor 12 Volt**
Kran heben:	**1 Getriebemotor 12 Volt**
Seilwinde:	**1 Getriebemotor 12 Volt**
Beleuchtung:	**2 Lampen vorn, LED hinten, Rundumleuchte**

Für den RC-Betrieb werden zusätzlich zum Lieferumfang des Bausatzes benötigt:

- 2 Drehzahlsteller für den Hauptantrieb
- 4 Drehzahlsteller für Räumanlage, Kran drehen, Kran heben, Seilwinde
- 1 Zweikanal Memoryschalter für Licht ein/aus und Rundumleuchte ein/aus
- 1 Akku 12 Volt / 2,3 Ah
- 1 Hauptschalter
- 2 Ladebuchsen, Lüsterklemmen, Kabel, Aderendhülsen, Kabelbinder.

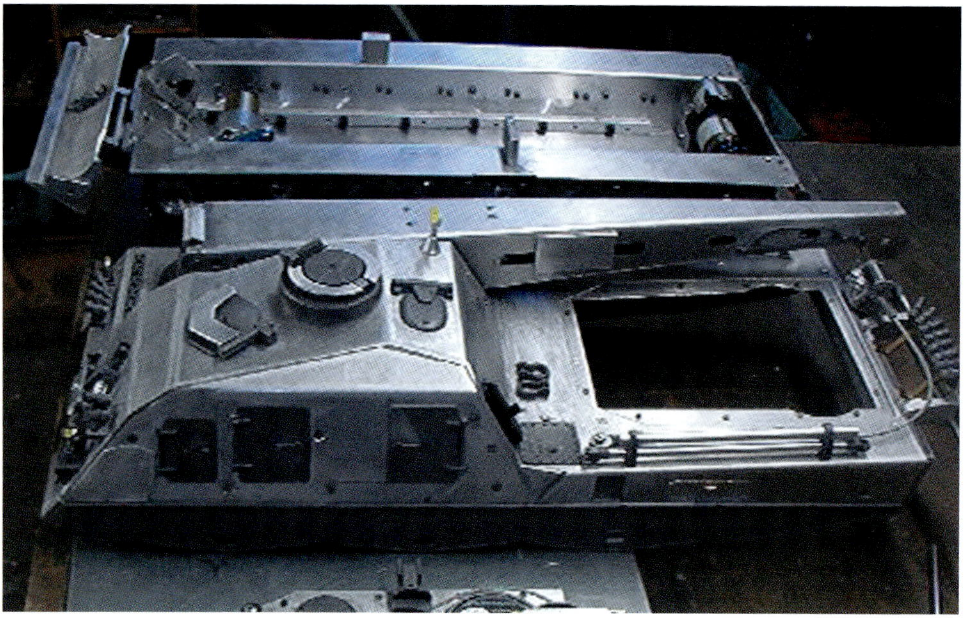

Bild 1.2.7 Wanne, Oberteil und Motorabdeckung

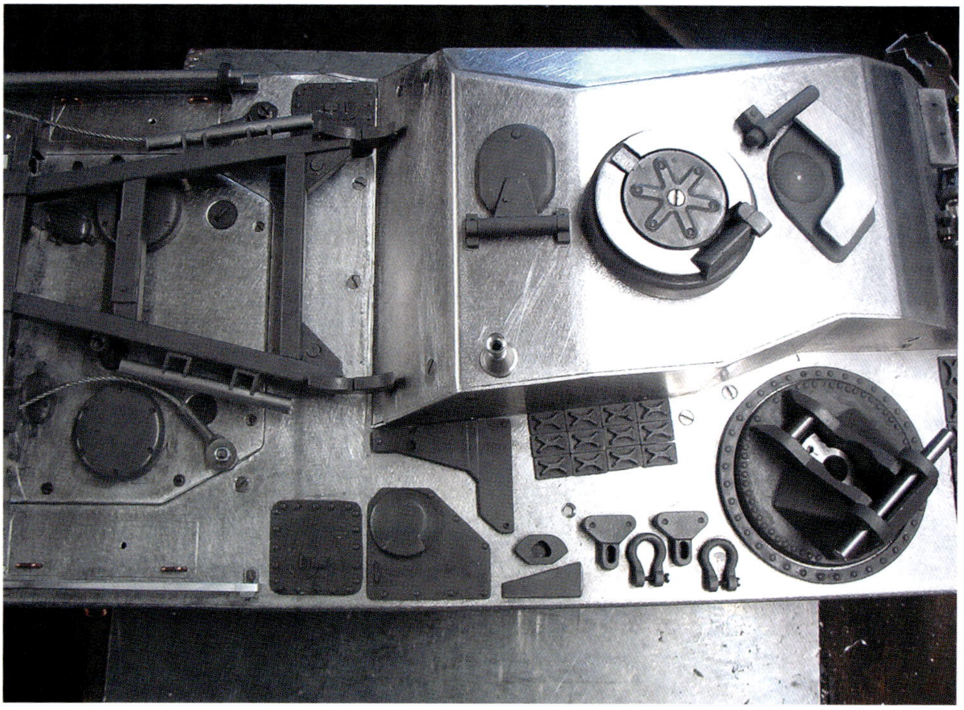

Bild 1.2.8 Detailaufnahme vom Oberteil des Bergepanzermodells

Den Bausatz BÜFFEL gibt es bei der Firma Peter Müller wie gesagt in den Maßstäben 1:16 und 1:10. Der Bausatz im Maßstab 1:16 beinhaltet ca. 1.600 Teile (ohne Schrauben).

Die Modelle können in folgenden Ausführungen geliefert werden:

1. Bausatz mit Motoren und Beschlagteilen
2. Modell mechanisch fertig montiert
3. Modell mechanisch fertig montiert und lackiert.

Die Modellbausätze sind soweit vorgefertigt und mit einem Schraubensortiment ausgestattet, dass bei der Montage nur noch mit handelsüblichem Werkzeug geschraubt und geklebt werden muss.

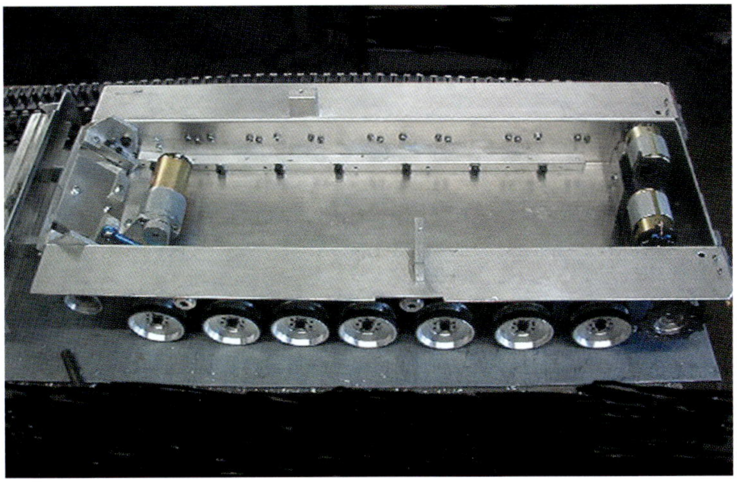

Bild 1.2.9 Wanne mit Laufrädern und eingebauten Motoren

Bild 1.2.10 Das fertige Laufwerk mit aufgezogener Kette

Bild 1.2.11 Bergepanzer BÜFFEL im M 1:10 aus einem Bausatz der Firma Peter Müller noch ohne Lackierung

Bild 1.2.12 Detailaufnahme der Motorabdeckung

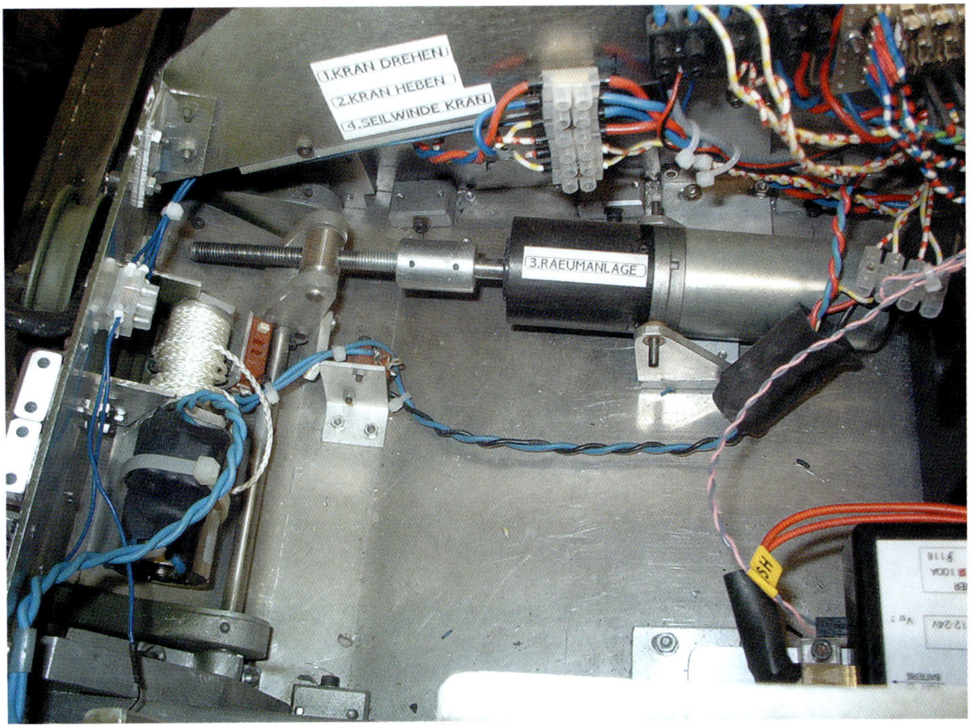

Bild 1.2.13 Blick auf den Antrieb der Räumanlage in der Wanne des Modells

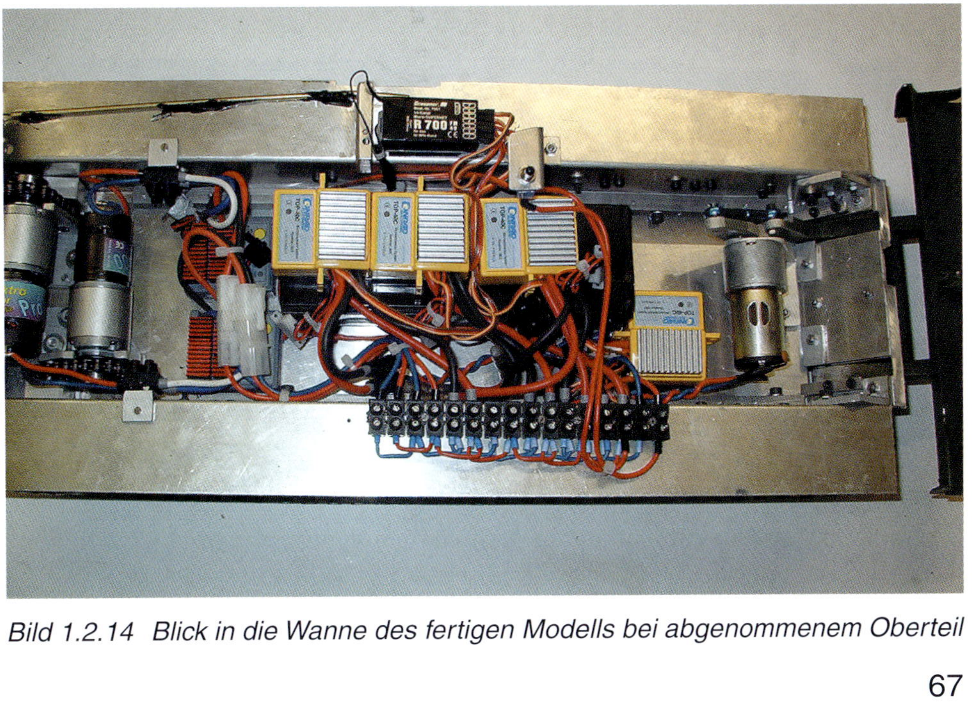

Bild 1.2.14 Blick in die Wanne des fertigen Modells bei abgenommenem Oberteil

Bild 1.2.15 Der Modell-BÜFFEL bei der Arbeit

Ein weiteres Modell des Bergepanzers BÜFFEL im Maßstab 1:10 baute Herr **Michael Packolicz, Steuppergstraße 7, 74389 Cleebronn**. Herr Packolicz hat wichtige Teile wie z.B. die Antriebskränze an seinem Panzermodell aus Alu gegossen, die Laufrollen und Schwingarme sind aus Kunststoff form-

Bild 1.2.16 BÜFFEL im M 1:10 von Herrn Michael Packolicz

Bild 1.2.17 Kranausleger hochgefahren beim Modell von Herrn Packolicz

Bild 1.2.18 Das technische Innenleben des BÜFFEL von Herrn Michael Packolicz

gespritzt, die Alu-Naben haben Messingbuchsen. Die Spannvorrichtung für das Leitrad besteht aus Alu, gespannt wird wie beim Original.

Das Räumschild ist voll beweglich und wird von einem Elektromotor über eine Gewindespindel betätigt. Die Wanne ist gegen das Eindringen von Schmutz abgedichtet. Der Drehkranz für den Ausleger ist kugelgelagert und wird mit einem Schneckenantrieb bewegt. Der Ausleger besitzt zwei Hydraulikzylinder, die ein sehr feines Heben und Senken erlauben. Der Seilzug mit Dreifachübersetzung ist voll funktionsfähig.

Als Antriebsmotor des Modells wird ein 10-cm^3-Verbrennungsmotor in Verbindung mit einem Tiwaproc-Getriebe von Conrad verwendet.

1.3 Pionierpanzer DACHS

Die Pioniertruppe der Bundeswehr hat die Aufgabe, feindliche Bewegungen zu hemmen und die eigenen Bewegungen zu fördern. Die Entwicklung des Pionierpanzers DACHS begann schon 1969 auf dem Fahrgestell des LEOPARD 1 und wurde später auf dem Fahrgestell des LEOPARD 2 weitergeführt. Unter Verwendung zahlreicher Ergebnisse aus den vorherigen Entwicklungen konnte dann in einem relativ kurzen Zeitraum von 1981 bis 1985 die Entwicklung des Pionierpanzers DACHS durchgeführt werden.

Die wesentlichen Änderungen und Verbesserungen gegenüber vorhergehender Typen sind:

- Teleskopbaggerarm
- Räumschild
- Schneid- und Schweißausrüstung
- Hydraulikanlage mit elektro-hydraulischer Steuerung
- Pumpenantrieb
- Baggeranlage
- Fernbedienung des Baggers
- Seilspannvorrichtung
- Spüleinrichtung zur Reinigung der Kühlanlage
- Kippbare Winkelspiegel für Kommandant und Fahrer
- Zusätzliche Lenzpumpen

Anstelle des Kranauslegers beim Bergepanzer wurde ein Teleskoparm mit einer Reichweite von 9 Metern vorgesehen. Am Ende des Teleskoparms ist ein sogenannter Tieflöffel mit 1,1 Kubikmeter Inhalt angebracht. Damit können Gräben bis zu einer Tiefe von 5 Metern ausgehoben werden. Mit einem ebenfalls am Teleskoparm angebrachten Lasthaken lassen sich Lasten von 2,5 bis 7,7 Tonnen heben. Bei Baggerarbeiten in Gewässern lassen

Bilder 1.3.1 und 1.3.2 Pionierpanzer DACHS (Fotos: Mak)

sich der Teleskoparm und der Tieflöffel über eine Kabelfernsteuerung bedienen. Zusätzliche Lenzpumpen sind für den Gewässereinsatz vorgesehen. Durch verschiebbare Seitenteile kann das Räumschild auf eine Breite von 3,7 Metern erweitert werden, um so zu verhindern, dass Räumgut in die Ketten gelangt. Die Räumleistung beträgt 270 Kubikmeter pro Stunde. Räumschild und Teleskoparm werden hydraulisch betätigt.

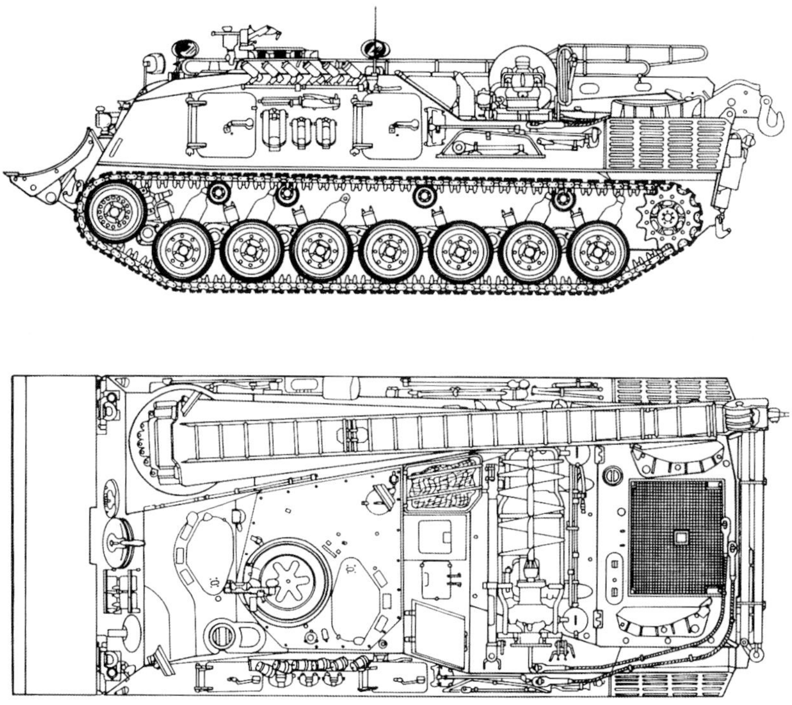

Bild 1.3.3 Seitenansicht und Draufsicht des Pionierpanzers DACHS (Werkszeichnung: MaK)

Technische Daten

Länge:	**8,92 m**
Breite:	**3,25 m**
Höhe bis Unterkante MG:	**2,57 m**
Gefechtsgewicht:	**43 t**
Motorleistung:	**610 kW**
Geschwindigkeit:	**62 km/h**

Da der Pionierpanzer DACHS eine Variante des Bergepanzers BÜFFEL ist, gibt es hierzu keinen eigenen Baubericht.

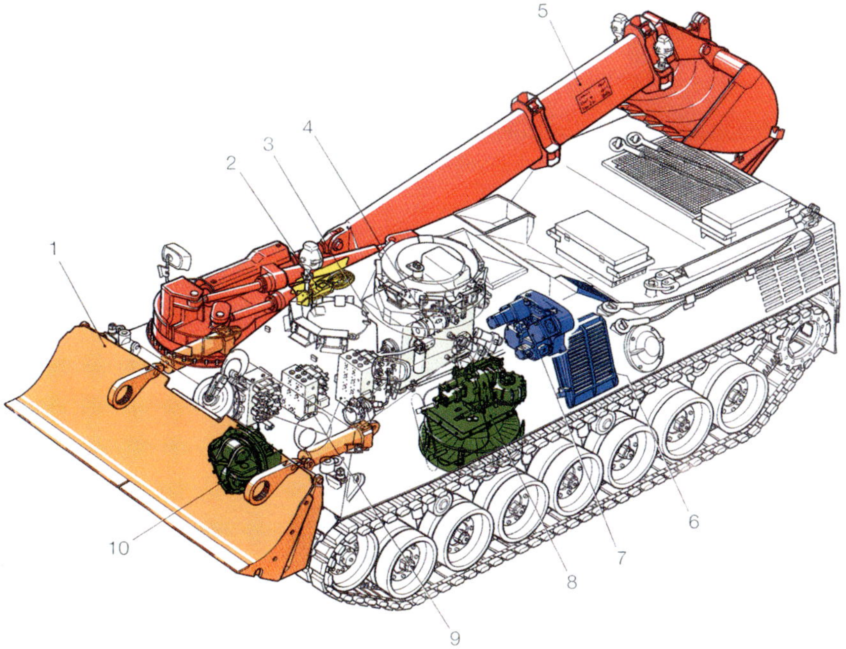

1. Räumschild
2. Schneid-und Schweißausstattung
3. Hydraulikölbehälter
4. Nothydraulikpumpe
5. Baggeranlage
6. Kühlanlage, Hydrauliköl
7. Pumpenantrieb
8. Hauptwinde
9. Ventilblöcke
10. Seilspannvorrichtung

Bild 1.3.4 Übersichtszeichnung (Werkszeichnung: MaK)

1.4 Brückenlegepanzer BIBER

Der Brückenlegepanzer BIBER der Bundeswehr ist ein gepanzertes Vollkettenfahrzeug der Leopard-1-Familie. Er hat die Aufgabe, eine 22 m lange und 4 m breite Festbrücke zu transportieren und zu verlegen. In der Transportstellung lagert die Brücke in zwei symmetrischen Hälften auf einem Haupt- und Heckausleger. Beim Auslegen wird die Brücke im freien Vorbau horizontal verschoben und über einen Fluss oder ein anderes Hindernis gelegt. Um die Standfestigkeit des Panzers zu erhöhen, verfügt dieser vorne über ein Stützschild, das ausgefahren wird. Damit stützt sich der BIBER vorne ab. Beim Prinzip des freien Vorbaus werden die auseinander liegenden Brückenhälften in der Brückenlängsachse auseinander gezogen, bis die obere in die untere Hälfte einrastet. Danach wird die Brücke über den Fluss bzw. über das Hindernis vorgeschoben und abgelegt. Während des ganzen Vorgangs stützt sich der Panzer mit seinem Stützschild am Bug ab und wirkt so als Gegengewicht.

Bild 1.4.1 BIBER beim Auslegen der Brücke (Foto: KMW)

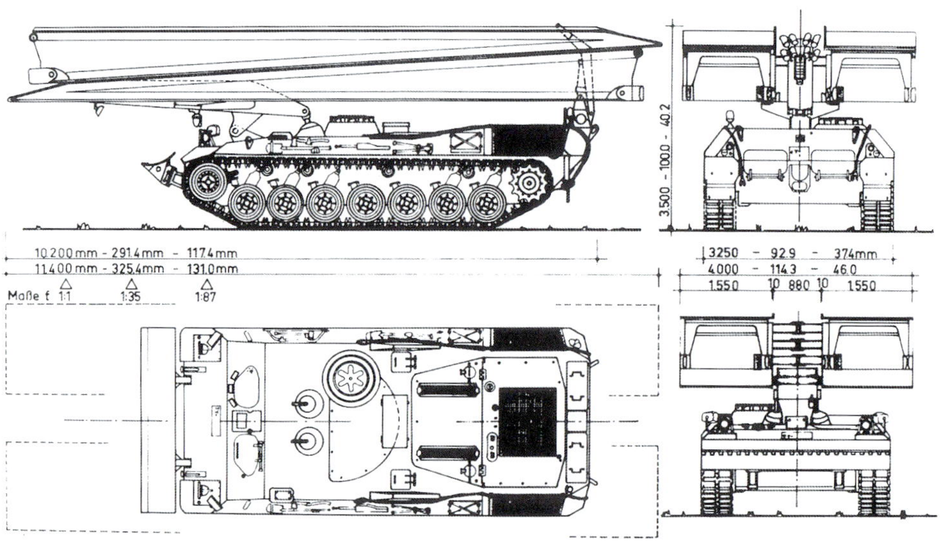

Bild 1.4.2 Vierseitenansicht Brückenlegepanzer BIBER (Foto: KMW)

Bild 1.4.3 Brückenlegepanzer BIBER

Technische Daten

Länge mit Brücke aufliegend:	**11,4 m**
Länge ohne Brücke:	**10,2 m**
Breite mit Brücke:	**4,0 m**
Länge der ausgefahrenen Brücke:	**22,0 m**
Nutzbare Stützweite:	**21,0 m**
Gesamtgewicht:	**45,3 t**
Motorleistung:	**610 kW**
Höchstgeschwindigkeit:	**62 km/h**
Besatzung:	**2 Mann**

Wer einmal Gelegenheit hatte, dem BIBER bei seiner Arbeit zuzusehen, z.B. an einem Tag der offenen Tür in einer Kaserne der Bundeswehr, wird von der Technik stark beeindruckt sein. Um so erstaunlicher ist es, dass drei Modellbauer dieses technische Wunderwerk im Maßstab 1:8 nachbauten und zwar mit all seinen Funktionen wie das Original. Eine Meisterleistung der Mechanik und Elektronik, denn alle Funktionen lassen sich über Fernsteuerung ausführen. Das Modell wird mit zwei Lüftermotoren angetrieben, es hat eine Länge von 1,63 m und eine Breite von 0,57 m, die ausgefahrene Brücke ist 3,26 m lang.

Wie kam es aber nun zum Bau eines solch einmaligen Modells? Die Geburtsstunde des BIBER-Modells lag in Celle. Dort befand sich ein Ausbildungszentrum für angehende Metallarbeiter. Herr **Heinrich Schultz, Lüder-Wose-Str. 46, 29221 Celle**, war dort Ausbildungsleiter. Da er lange Zeit bei der Bundeswehr diente, lag es nahe, dass ein Panzermodell, nämlich der BIBER, im Maßstab 1:8 gebaut werden sollte. Vier Jahre wurde gedreht, gefräst, gebohrt und abgekantet. Leider musste das Projekt eingestellt werden, da zu viele technische Probleme nicht gelöst werden konnten.

Bild 1.4.4 Das Modell des BIBER im Maßstab 1:7

Herr Schultz erzählte Herrn **Wolfgang Williges, Verdener Landstraße 20, 31582 Nienburg/Weser**, von den zahlreichen Kisten voller schlummernden Materials und dem angefangenen Modell. Kurz darauf wurden beide Modellbauer zur MaK-Systems nach Kiel eingeladen, um dort einige andere

Bild 1.4.5 Die Brücke ist fast abgelegt, gleich wird sie ausgeklinkt

Bild 1.4.6 BIBER beim Ablegen der Brücke

Bild 1.4.7 Das Modell des BIBER fährt selbst über die abgelegte Brücke

bereits fertige Panzermodelle vorzuführen. Da die MaK-Systems den Original-Brückenleger BIBER baut und wartet, erfreute sich das angefangene BIBER-Modell besonderer Aufmerksamkeit seitens der MaK-Ingenieure. Von ihnen erfuhren die Modellbauer, welche technischen Probleme auf sie zukommen würden, falls sie wirklich an den Weiterbau denken sollten. Die Belastung des BIBER-Modells durch Hebelwirkung schätzte man auf 360 kg! Weiter wurde den begeisterten Modellbauern mitgeteilt, dass es den Rahmen der Veranstaltung sprengen würde, alle Probleme anzusprechen. Damit schien das Projekt BIBER begraben zu sein.

Auf der Heimfahrt sprach ein anderer Modellbauer, Herr **Bertram Protzek**, Herrn Williges an: „Lass es uns anpacken, um den MaK-Leuten zu zeigen, dass es doch geht."

Die Herausforderung war sagenhaft. Überall wo ein BIBER stationiert war, wurde gefragt, gefilmt und fotografiert. Nach zwei Jahren Bauzeit folgten die ersten Gehversuche. Der BIBER war fertig und alles funktionierte wie beim Original.

Bei einem erneuten Besuch bei der Firma MaK-Systems wurde das Modell vorgestellt und die Ingenieure wollten nicht glauben, was sie da zu sehen bekamen. Sofort musste der Aufbau geöffnet werden, da man wissen wollte, wie die Modellbauer die Probleme gelöst hatten.

Dazu ist noch zu sagen, dass Herr Protzek nicht nur Modellbauer ist sondern in einem großen Werk bei Walsrode als Dreher beschäftigt war. Nicht nur dass seine Fähigkeiten als Metallarbeiter enorm waren, er hatte ein „fotografisches Gedächtnis“: Einmal ansehen und schon war es für immer gespeichert. Leider ist Herr Protzek inzwischen verstorben.

Technische Daten

Maßstab:	**1:8**
Bauzeit:	**ca. 7 Jahre**
Baumaterial:	**Aluminium**
Länge mit Brücke:	**1475 mm**
Länge ohne Brücke:	**1230 mm**
Breite mit Brücke:	**500 mm**
Breite ohne Brücke:	**410 mm**
Höhe mit Brücke:	**450 mm**
Höhe ohne Brücke:	**320 mm**
Tragfähigkeit der Brücke:	**80 kg**
Länge der Brücke:	**2750 mm**
Gewicht der Brücke:	**27 kg**
Gesamtgewicht BIBER:	**120 kg**
Fahrmotoren:	**2 x Lüftermotoren, je 12 Volt, 450 Watt**
Zusatzmotoren:	**6 Stück zum Aus- und Einfahren der Brücke, zusätzlich noch ein Lüfter**
Stromversorgung:	**4 x Bleiakkus 6 Volt / 12 Ah in Reihe = 24 Volt**
	1 x NiCd-Akkupack, 8,4 Volt
	1 x NiCd-Akkupack, 6 Volt
Sound:	**1. Drehzahlabhängiges Motorgeräusch mit Start- und Abschaltgeräusch**
	2. Brückenvorschubgeräusch
	3. Hydraulikgeräusch

Licht:	**Fahrlicht, Arbeitsscheinwerfer, Blinker, Warnblinklicht, 2 x Rundumkennleuchten, Tarnlicht**

1.5 Flakpanzer GEPARD

Der Flakpanzer GEPARD ist ein mobiles und voll autonomes Waffensystem zur Bekämpfung von Flugzielen bis zu einer Entfernung von 2.500 Metern. Die Feuerleitanlage setzt sich aus dem Such- und Folgeradar, dem Feuerleitrechner und den optischen Richtmitteln zusammen. Innerhalb von ca. 6 s nach Auffassen des Ziels sind die Waffen feuerbereit. Die beiden 35-mm-Maschinenkanonen bringen mit einem Feuerstoß von 3 s Dauer etwa 50 Schuss in den Zielraum. Die Kadenz der beiden Waffen beträgt 1.100 Schuss/min.

Bild 1.5.1 Flakpanzer GEPARD (Foto: KMW)

Das Fahrgestell entspricht dem des Kampfpanzers LEOPARD 1, ist jedoch weniger gepanzert. Die Besatzung des GEPARD besteht aus drei Mann, dem Kommandanten, dem Richtschützen und dem Fahrer.

Technische Daten

Länge:	**7,76 m**
Breite:	**3,40 m**
Höhe:	**3,21 m**
Gewicht:	**46,3 t**
Motorleistung:	**610 kW (830 PS) bei 2.200 min^{-1}**
Höchstgeschwindigkeit:	**65 km/h**

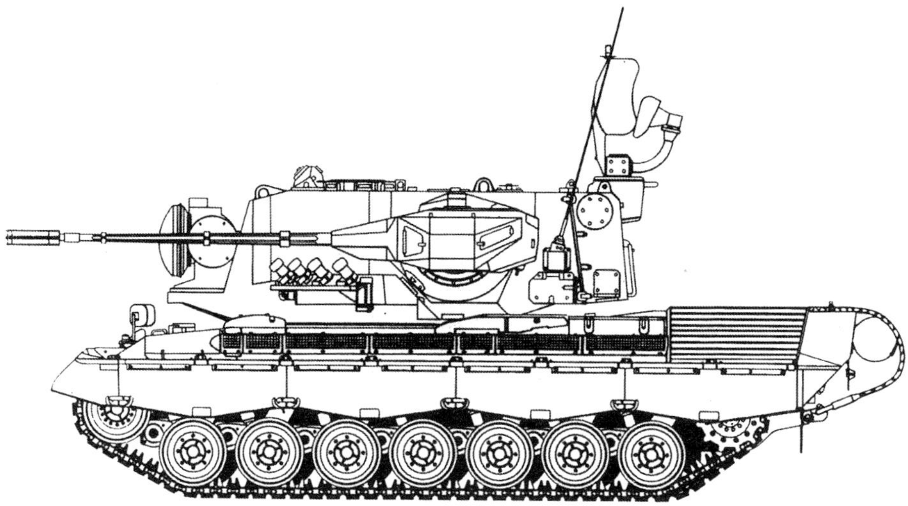

Bild 1.5.2 Seitenrisszeichnung Flakpanzer GEPARD (Foto: KMW)

Ein Modell des Flakpanzers GEPARD im Maßstab 1:8 haben drei Modellbauer in Gemeinschaftsarbeit gebaut. Dabei handelt es sich um eines der aufwändigsten Modelle, die je gebaut wurden. Für die Gesamtkonzeption, was den Aufbau und die Mechanik anbelangt, war Herr **Bertram Protzek** (leider verstorben) verantwortlich, das Fahrgestell stammt vom Modell des LEOPARD 1 und wurde einschließlich Ketten von Herrn **Heinz Grabenstein, Klinkenweg 28, 50189 Elsdorf**, angeliefert. Die Ausrüstung, Elektrik und Elektronik baute Herr **Wolfgang Williges, Verdener Landstraße 20, 31582 Nienburg/Weser** in das Modell ein.

Die Bauzeit für den Aufbau betrug 3,5 Jahre, das Fahrgestell nicht mitgerechnet, da es rollfähig angeliefert wurde. Weitere zwei Jahre kamen hinzu, um die Elektronik zu installieren.

52
Y-358 887

Bilder 1.5.3, 1.5.4, und 1.5.5   GEPARD im M 1:8 von Herrn Williges

Die Fahrzeugwanne, Laufrollen, Stützräder, Antriebskränze und Ketten bestehen aus Aluminium. Die Anzahl der Laufrollen je Seite beträgt sieben, einschließlich Leitrad, die der Stützrollen vier. Das Laufwerk ist durch Stoßdämpfer gefedert. Die Antriebskränze haben je 12 Zähne und einen Durchmesser von 75 mm. Jede Gleiskette besteht aus 85 Kettengliedern, die durch aus Aluminium gegossene Endverbinder zusammengehalten werden. Alleine die Fahrzeugwanne wiegt 50 kg. Für den Karosserieaufbau mussten mehrere Formen hergestellt werden.

Der Turm mit seinen beiden Rohrwaffen besteht zum größten Teil aus diversen Messingblechen und Vollmaterial. Das Suchradar lässt sich wie beim Originalpanzer kippen. Die Laufgeschwindigkeiten des Such- und Folgeradars sind variabel einstellbar. Das Drehen des Turmes erfolgt durch einen Getriebemotor, der mit einem Ritzel in den Turmaußenzahnkranz greift. Die Waffenanlage wird mit einem Servo, Ausgleichsgewichten und einer Ausgleichsfeder gesteuert. Alleine der Turm hat ein Gewicht von 15 kg. Der Turm mit seiner gesamten Elektronik ist vom Fahrgestell völlig unabhängig, da er eine eigene Stromversorgung hat, was ein großer Vorteil ist, wenn Wartungsarbeiten notwendig werden sollten.

Bilder 1.5.6 und 1.5.7 *Das Gehäuse des Rundsuchradars ist aufklappbar. Dahinter verbirgt sich ein Teil der Elektronik*

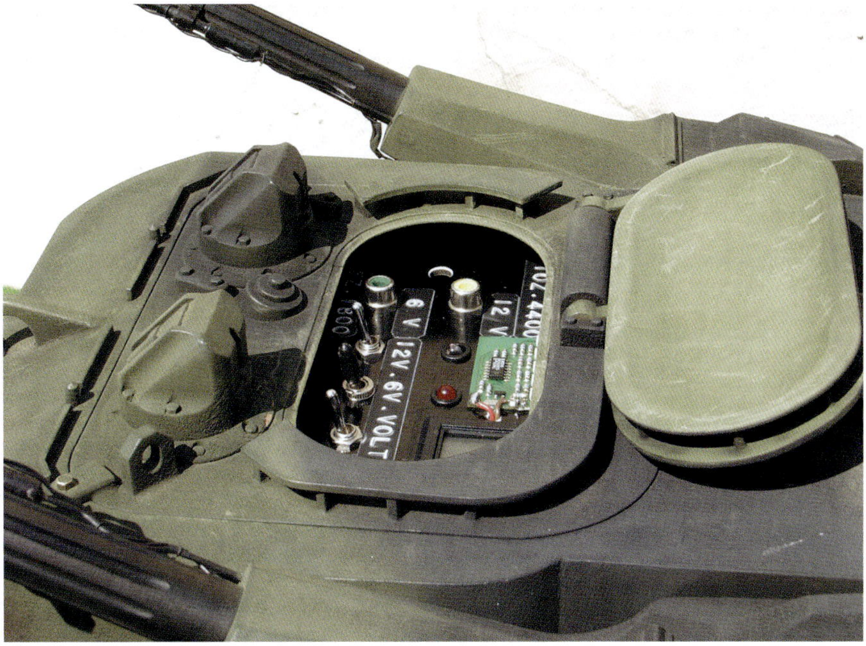

Bild 1.5.8 Einige der Betriebsschalter sind unter der aufklappbaren Turmluke angebracht

Bild 1.5.9 Der Hauptschalter und ein Display zur Anzeige der Bordspannung sind unter den hinteren aufklappbaren Luken untergebracht

Weiterhin verfügt der GEPARD über ein drehzahlabhängiges Originalmotorgeräusch mit Anlass- und Abstellgeräusch.

Technische Daten

Maßstab:	**1:8**
Länge mit Kanone in 12 Uhr:	**100 cm**
Länge mit Kanone in 6 Uhr:	**98 cm**
Breite:	**41 cm**
Höhe mit Suchradar hoch:	**51 cm**
Kanonen hochgestellt ca. 90°:	**84 cm**
Gesamtgewicht:	**65 kg**
davon Wanne:	**50 kg**
davon Turm:	**15 kg**
Elektrische Anlage:	**2 x Bleiakku 12 V / 15 Ah = 24 Volt**
Fahrmotoren:	**2 x 4pol.-Wirbelstrommotoren, ca. 6 A**
Getriebeuntersetzung:	**1:6**
Lüfter (Papst):	**24 V, 2,4 W, Durchmesser 70 mm**
Kraftübertragung:	**Rollenkette 8 mm auf Seitenvorgelege, Planetengetriebe**
Turmdrehkranz:	**außenverzahnter Messingdrehkranz mit Schneckenantrieb, Kranzdurchmesser 30 cm**
Suchradar:	**Schirm aus GfK, stufenlos regelbar**
Folgeradar:	**Innenverzahnter Drehkranz, stufenlos regelbar, Nickbewegung wird durch Miniservo erzeugt**
Turm-Stromversorgung:	**NiCd-Akku, 12 V / 4 Ah**

Bild 1.5.10 Der Turm mit eigener Elektronik und Stromversorgung kann leicht abgenommen werden. Er alleine wiegt 15 kg

Bild 1.5.11 Der abgenommene Turm mit Kanonen und Feuerleitradar

Bild 1.5.12 Bei abgenommenem Turm werden weitere Teile der Elektronik und die beiden Drehzahlsteller sichtbar

Bilder 1.5.13 und 1.5.14 Details am GEPARD von Herrn Williges

Einen weiteren Flakpanzer GEPARD baute Herr **Arnim Winkler, Tubitzerstraße 19, 70825 Korntal** im Maßstab 1:9.

Die Wanne und das Oberteil bestehen aus 5 mm starkem Aluminium. Beide Teile wurden verschraubt und geklebt. Der Turm ist aus Kunststoff gefräst, geklebt und geschraubt. Der Antrieb erfolgt durch zwei 24-Volt-Motoren mit Getriebe. Das Fahrwerk ist drehstabgefedert, die Laufrollen, Antriebskränze und Ketten stammen von der Firma Veroma.

Das Modell wird über zwei getrennte Fernsteueranlagen gesteuert, eine Anlage wurde für den Antriebsteil, die zweite für den Turm vorgesehen. Folgende Sonderfunktionen sind möglich:

1. Beim Antriebsteil in der Wanne:

Motor anlassen, drehzahlgesteuerter Original-Motorsound digitalisiert. Standlicht, Fahrlicht und Bremslicht. Vier Gebläse mit je 90 l/min simulieren den Auspuffdruck aus dem Auspuffkanal. Zusätzlich wurde ein Auslasskanal zum Boden geführt. Mit einem zusätzlichen Gebläse wird bei staubigem Boden der Staub aufgewirbelt, um das Fahrbild des Panzers noch realistischer erscheinen zu lassen.

Bild 1.5.15 GEPARD von Herrn Winkler

Bild 1.5.16 GEPARD beim Schießen

Bilder 1.5.17 und 1.5.18 Nochmals der GEPARD von Herrn Winkler

2. Beim Turm:

Drehbewegung des Turms um 360°, heben und senken der Kanonen, Geschwindigkeit wie beim Original. Schussgeräusch digitalisiert und gekoppelt mit sehr hellem Stroboskopblitz. Abschuss von sechs Raketen über elektrische Zündung möglich. Maschinengewehr-Mündungsfeuer sehr hell und gekoppelt mit digitalisiertem MG-Geräusch. Feuerleitradar synchron laufend mit den Kanonen. Digitalisierte Original-Kommandos abrufbar.

Technische Daten

Länge:	**85 cm**
Breite:	**37 cm**
Höhe:	**32 cm**
Gewicht:	**42 kg**

Herr **Sönke Koch, Lange Redder 1, 24856 Treia**, baute einen Flakpanzer GEPARD aus einem Tamiya-Baukasten im Maßstab 1:16 und verbesserte das Aussehen des Modells im Inneren und Äußeren durch zusätzliche Um- und Ausbauten ganz wesentlich.

Hier sein Bericht:

„Zunächst wurde der Bausatz nach Bauanleitung aufgebaut, bis auf folgende Details:

Der Turmboden wurde mit Winkeln und Schrauben demontierbar befestigt. In die Kanonenrohre wurden Lichtleitkabel eingezogen. Front- und Heckradar wurden zerlegbar aufgebaut, also nicht verklebt, um so später noch eine Servosteuerung einbauen zu können. Front- und Hecklichter wurden nicht montiert, da hier später eine Beleuchtung eingebaut werden sollte.

Danach wurde der Panzer im Gelände eingefahren, um Schwachpunkte zu ermitteln.

Folgende Mängel wurden festgestellt und behoben: Die Wannenabdichtung war mangelhaft, Sand und Wasser drangen ein und beschädigten das Getriebe und die Elektronik. Aus Plexiglas wurden Abdeckungen über die Ketten gesetzt, die Wanne komplett verklebt und Bohrungen abgedichtet. Die Laufrollenbuchsen aus Kunststoff haben schnell ein zu großes Spiel und halten nicht auf den Schwingarmen. Die Laufrollenlagerungen wurden daher gegen einen Lagersatz aus Bronzebuchsen und verschraubbaren Neusilberachsen von der Firma AFV-Model (www.AFV-Model.com) getauscht. Auch die Stützrollenlagerungen haben schnell ein zu großes Spiel,

Bild 1.5.19 *GEPARD von Herrn Sönke Koch. Das Modell im Maßstab 1:16 entstand aus einem modifizierten Tamiya-Baukasten*

Bild 1.5.20 *Frontansicht des Modells*

Bild 1.5.21 Hier erkennt man den Laser-Zielmarkierer bei der rechten Kanone

Bild 1.5.22 Ein Blick in die Wanne, jeder Platz ist ausgefüllt

weshalb ich neue Stützrollen aus Aluminium drehte und mit Kugellagern versah. Die Ketten springen bei engen Drehungen im Sand schnell ab. Zur Abhilfe habe ich einen Mittelführungsring in die Antriebskränze eingesetzt, an dem sich der Mittelführungssteg der Kette abstützt.

Da mir Detailfotos vom GEPARD fehlten, habe ich beim Flaklehrregiment 6 in Rendsburg einen Antrag auf Vermessung und zum Fotografieren des Flakpanzers gestellt. Die Bundeswehr hat mir das genehmigt und einen Panzer mit Besatzung zur freien Verfügung auf den Kasernenhof gestellt. Ich durfte nach Herzenslust fotografieren und die Maße vom Originalpanzer abnehmen. Die Besatzung hatte auf jede Detailfrage eine Antwort. Eine kleine Fahrvorführung war dann der krönende Abschluss. Die Bundeswehr hat mir echt weitergeholfen, dafür bin ich ihr sehr dankbar.

Danach ging es erst richtig los, denn ich stellte fest, dass der Bausatz viele Abweichungen vom Original hatte. So sind die Schutzbleche vorne falsch. Sie wurden abgeschnitten und durch solche aus Alublech ersetzt. Die Fahrerschutzhaube ist fehlerhaft, die Gitterstruktur fehlt. Ich habe die Fahrerschutzhaube durch 1-mm-Bohrungen mit der Gitterstruktur versehen. Eine offene Fahrerlukenarretierung ist nicht vorhanden, sie wurde aus Draht nachgebaut. Die Klappen in der Heckklappe sind zu lang, sie wurden abgespachtelt und vorbildgetreu nachgraviert. Es fehlt die Antirutschbeschichtung auf der Wanne, sie wurde aus Schmirgelpapier ausgeschnitten und aufgeklebt. Ersatzkettenglieder und Halter dafür auf der Frontplatte fehlen. Die Halter wurden aus Alublech und 2-mm-Schrauben nachgebildet und mit Kettengliedern versehen. Die Außenbordsprechstelle hinten rechts fehlt. Sie wurde nachgraviert und der Hebel sowie das Gelenk aus Alublech gefeilt. Der Feuerleit-Radarschirm ist fehlerhaft. Ich habe ihn aus dem Blech einer Cola-Dose nachgebaut und aufgeklebt. Trittbleche an der Nebelmittelwurfanlage am Turm fehlen. Sie wurden aus Alublech nachgebaut. Fangketten der Abdeckungen der Nebelmittelwurfanlage fehlen, es wurden Ketten aus dem Schiffsmodellbau verwendet. Griffe zum Aufklappen der Kanonen fehlen, sie wurden aus Draht gebogen. Eine Staukiste links hinten über dem Hilfsdieselauspuff fehlt. Aus Kunststoffplatten wurde sie nachgebaut. Die Hilfsdieselauspuffabdeckung ist fehlerhaft, sie wurde aus Alublech nachgebaut. Abschleppseile und Halter dafür auf der Motorplatte fehlen. Ich habe sie aus einem Fahrradbowdenzug nachgebaut und den Halter aus Alublech gefeilt. Abschleppschäkel hinten fehlen, diese wurden von der Firma AFV gekauft und mit aus Draht selbstgebogenen Splinten und Sicherungsketten aus dem Schiffsmodellbau versehen. Die Lufthutze auf der Frontplatte ist fehlerhaft. Sie wurde nach Originalform geschliffen und gespachtelt. Die Reflektoren und Halter dafür am Heck fehlen, sie wurden aus Rundmaterial nachgebaut. Die Kanonenlagerung hat zu großes Spiel, eine selbst hergestellte Buchse brachte Abhilfe.

Da so viel geändert wurde, habe ich mich entschlossen, gleich die kampfwertgesteigerte Version des GEPARD, also den Typ 1A2 zu bauen.

Im Turm ist ein eigener 4-Kanal-Empfänger mit eigenem Akku eingebaut. Die Kanonenelevation und das Feuerleitradar werden synchron mit Servos bewegt, gesteuert über einen Kanal und V-Kabel. Das Rundsuchradar ist über ein Servo ein- und ausklappbar. Das Drehgetriebe wurde umgebaut, um die vorbildgetreue Drehfrequenz von 1 Hz zu erreichen. Beim Aufklappen des Rundsuchradars wird ein Kontaktschalter betätigt und es fängt an, sich automatisch zu drehen. Das Herunterklappen gestaltete sich schwieriger, da das Radar nur in der 12-Uhr-Position abklappt. Das musste beim Modell ebenfalls verwirklicht werden. Ein Reed-Kontakt im Radarsockel, der über einen Minimagneten im Radarfluss gepulst wird, schaltet die Stromversorgung des Klappradars nur in der 12-Uhr-Stellung ein. So hat das Servo nur in dieser Position Strom und klappt das Radar dann ab.

Das Geschütz-Feuerlicht wird über einen Laserpointer erzeugt und durch ein Lichtkabel in die Kanonenmündung weitergeleitet. Ein Laserpointer im rechten Kanonenrohr erzeugt einen Zielpunkt. Das Rundumlicht mit vier Miniglühlampen auf dem Turmdach stammt von der Firma Conrad-Electronic.

In der Wanne sind zwei 8-Kanal-Empfänger untergebracht (einer nur für das Soundmodul). Alle anderen 8 Kanäle sind belegt. Das Kupplungsgetriebe wurde durch die Einzelgetriebe des Modells KÖNIGSTIGER von Tamiya ersetzt. Dadurch kann der Panzer nun auch auf der Stelle mit gegenläufigen Ketten drehen. Die Motoren werden von der DMD T03-Einheit des KÖNIGSTIGER gesteuert. Ein Soundmodul mit Anlass-, Fahr- und Schießgeräusch von Benedini und ein Verstärker versorgen einen 20-W-Lautsprecher. Da es durch Störgeräusche der Servos und Motoren zu Problemen kam, hat das Soundmodul nun einen eigenen Empfänger. Das Turmdrehen erfolgt durch ein umgebautes Servo um 360°. Um die Turmdrehgeschwindigkeit vorbildgetreu hinzubekommen, wurde ein Servo so modifiziert, dass es diese 360° drehen kann.

Das fertige Modell wiegt 8 kg und hat sehr gute Fahreigenschaften. Es ist noch unlackiert, soll aber demnächst einen Dreifarben-Tarnanstrich erhalten.“

1.6 Schützenpanzer MARDER

Anfang der 60er Jahre reiften bei der Bundeswehr Pläne, einen Panzer der 20-Tonnen-Klasse zu entwickeln. Es entstand der Schützenpanzer MARDER. Er ist ein unverzichtbarer Begleiter des Kampfpanzers. Mit dem MARDER erhielt die Panzergrenadiertruppe die volle Befähigung zum Kampf aus der Bewegung heraus. Die Stoßkraft der gepanzerten Kampftruppe im

Bild 1.6.1 Schützenpanzer MARDER (Werkfoto)

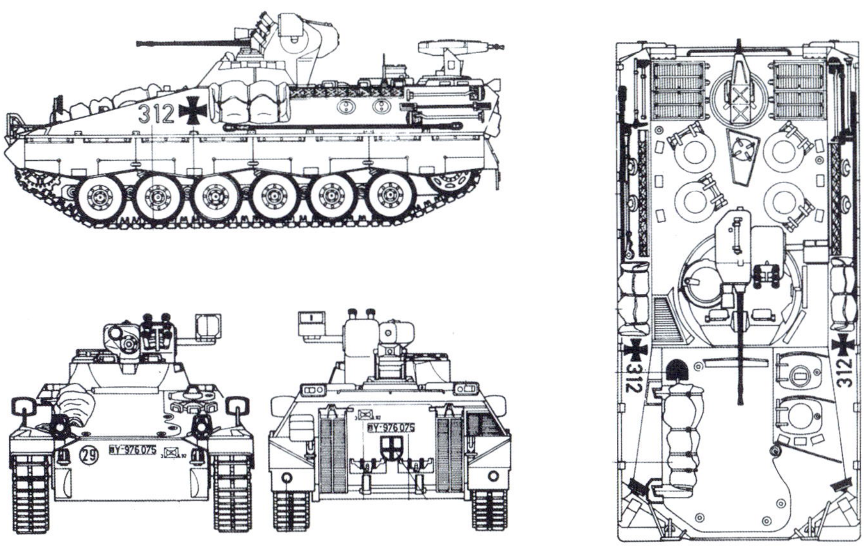

Bild 1.6.2 Vierseitenansicht Schützenpanzer MARDER (Werkzeichnung)

beweglichen Gefecht wurde damit ermöglicht. Durchsetzungsfähigkeit und Beweglichkeit der Panzergrenadiere sind dabei abhängig von der engen Verbindung der Panzergrenadiere mit dem Kampffahrzeug, das Feuerkraft, Schutz und Beweglichkeit in sich vereint.

Das erste Fahrzeug wurde am 7. Mai 1971 an die Truppe ausgeliefert. Der MARDER war der erste Schützenpanzer überhaupt, der in einem NATO-Land in Dienst gestellt wurde. Seither hat er mehrere Maßnahmen zur Kampfwertsteigerung durchlaufen. In den Jahren 1977 bis 1979 wurden alle MARDER mit dem Panzerabwehr-Lenkflugkörper-Waffensystem MILAN ausgerüstet. Es folgten weitere Verbesserungen am Zielsuchgerät und an der Zusatzpanzerung am Turm und an der Wanne. Die Hecklafette mit dem zweiten Maschinengewehr wurde bei der Ausführung 1A3 abgebaut. Die Besatzung besteht aus 3 Mann und 6 Panzergrenadieren.

Technische Daten

Länge:	**6,88 m**
Breite:	**3,38 m**
Höhe:	**3,01 m**
Gewicht:	**33,5 t**
Antriebsleistung:	**441 kW (600 PS)**
Geschwindigkeit:	**65 km/h**
Steigfähigkeit:	**30 %**
Besatzung:	**3 + 6 Mann**
Bewaffnung:	**1 - Maschinenkanone 20 mm, 2 - MG 7,62 mm**

Der Schützenpanzer MARDER gehört sonderbarerweise zu den weniger gebauten Modellen. Warum das so ist, weiß ich nicht. Das könnte nun anders werden, denn die Firma **Peter Müller, Sonderfahrzeug-Modellbau, Gerdagstraße 7, 31061 Alfeld (Leine)**, hat seit 2004 den Schützenpanzer MARDER als Bausatz im Maßstab 1:10 in ihrem Programm. Anfragen sind bitte an diese Firma zu richten.

Ein Modellbauer aus Belgien, Herr **Erwin Bock, Totleger 6, B-4731 Rearen**, hat sich jedoch an den Eigenbau gemacht und den MARDER im Maßstab 1:8 nachgebaut. Hier sein Bericht:

„Der Bau dieses Modells kam eigentlich dadurch zustande, dass ich im Maßstab 1:8 eine Plattform für Fahrwerks- und Antriebskonzepte suchte.

Bild 1.6.3 MARDER-Modell im Maßstab 1:10 im Rohbau, ein Bausatz der Firma Peter Müller

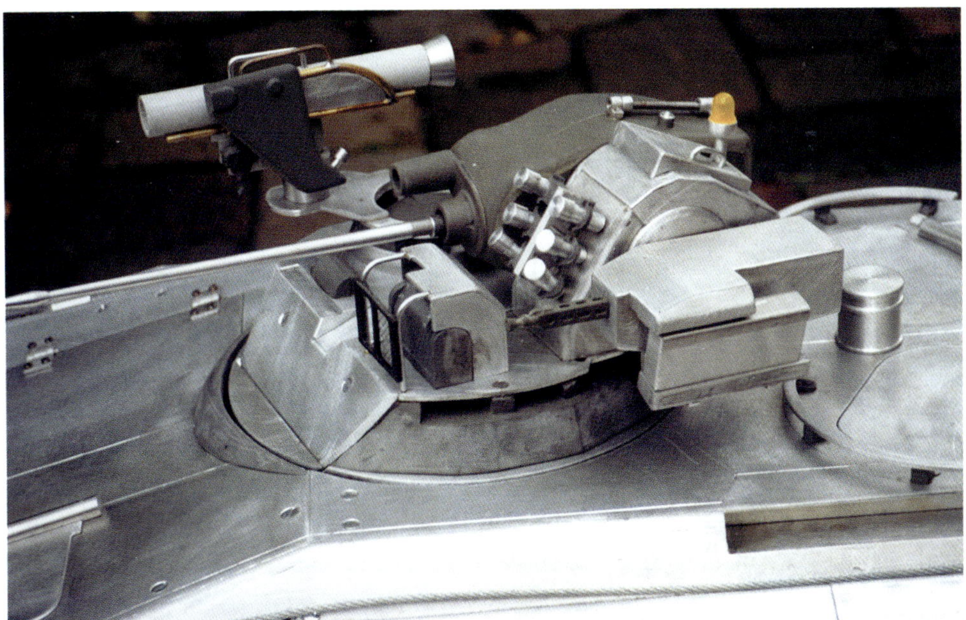

Bild 1.6.4 Der Turm des MARDER-Modells im Detail

Bild 1.6.5 MARDER-Modell im Maßstab 1:8, gebaut von Herrn Erwin Bock

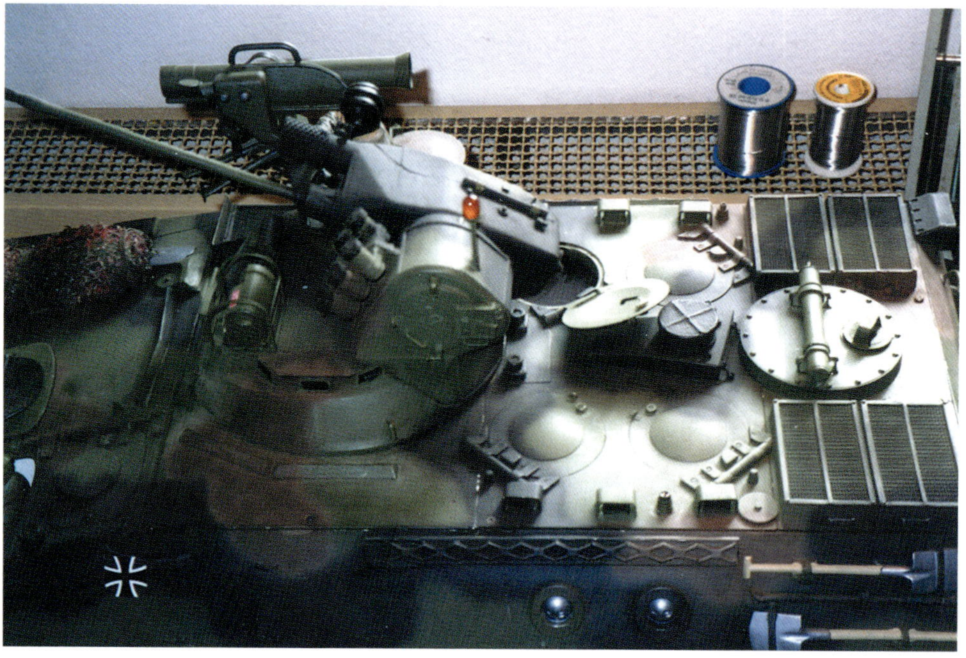

Bild 1.6.6 Der Turm des Modells von Herrn Bock im Detail

Bild 1.6.7 Das Heck des Modells mit geöffneter Heckklappe, dahinter befinden sich Schalter, Ladebuchsen sowie ein Tonbandgerät für die Geräuschkulisse

Der MARDER bot sich durch seine große Motorraumluke und Hecktüre sowie durch sein großflächiges Oberdeck an. Die kurzfristig verfügbare Conrad-Panzerkette passte auch ganz gut, also ging es los, erstmal Teile zu sammeln: Laufrollen, Achsen, Stoßdämpfer mit innen liegenden Druckfedern, alles eignet sich gut wie beim LEOPARD. Die Antriebskränze mit auswechselbaren Kränzen mussten völlig neu konzipiert werden, da in diesen und im Vorgelegekasten jeweils Teile des Planetengetriebes eingepasst werden mussten (Torpedo-Dreigang-Naben vom Fahrrad). Die Drehstäbe des Fahrwerks wurden zur Probe aus Flachfedermaterial 10 x 1,2 mm gefertigt, sie sind wie beim Original quer über die gesamte Breite der Unterwanne eingepasst. Die Radachsenbolzen sind doppelt gelagert, axial arretiert und mit einem Schlitz für das Federblatt versehen. Die Gegenseite kann axial verschoben werden. Je kürzer die Federlänge, desto härter die Federung. Die Panzermodelle der Fa. Tamiya haben eine ganz ähnliche Federung, die in der Härte allerdings nicht variabel ist.

Die Leiträder werden wie beim Original verstellt. Die Federung kann sowohl durch die außen liegenden Stoßdämpfer als auch durch Dummys mit innen liegender Druckfeder den Erfordernissen angepasst werden. Wie schon gesagt, sind die Vorgelege der Antriebskränze mit Planetengetriebe versehen, dann folgt ein kurzer Kettenantrieb zum Hauptgetriebe, das als Überlagerungslenkgetriebe mit zwei Elektromotoren, separat für Vortrieb und Lenken, bestückt ist. Die Betriebsspannung beträgt 24 Volt, für die Bewegungen des Turms und das Motorgeräusch beträgt die Spannung 6 Volt. Als Akkus sind zwei Stück mit je12 V/7,6 Ah und zwei Stück mit je 6 V/4 Ah eingebaut. Die gesamte Antriebseinheit steht auf acht Schwingmetallfüßen oberhalb der Drehstäbe, wird durch Anschläge fixiert und kann nach Lösen von acht Muttern nach oben herausgenommen werden. Das Gewicht der Einheit beträgt ca. 6,5 kg. Überhaupt spielte das Gewicht bei diesem Modell für mich eine besondere Rolle. Ich hatte mir als Grenze 38 kg gesetzt, nach leidvollen Erfahrungen mit meinem LEOPARD-Modell, das ca. 80 kg wiegt und ohne Hilfsperson nicht transportiert werden kann. Das mir selbst gesetzte Limit konnte ich beim MARDER einhalten. Die Wanne wurde aus 2,5 mm starkem Alublech gekantet und punktgeschweißt. Der Motorraum ist durch eine versteifte Trennwand abgeschottet. Das Oberdeck besteht aus 10er-Wabenmaterial, die Luken sind zu öffnen, darunter liegt ein Holzkasten mit zwei Tieftonlautsprechern für das Motorgeräusch. Lüfterkästen, Schürzen und diverse Kleinteile wurden als Formteil gefertigt und in Aluminium gegossen.

Der Turm ist in Leichtbauweise hergestellt, er lässt sich um 360° drehen, die Kanone von -10 bis +70° heben bzw. senken. Eine Beleuchtung des Modells ist ebenfalls vorgesehen. Das Innere des Fahrerplatzes ist ausgebaut und an der Außenseite sind natürlich alle Werkzeuge vorhanden. Ich habe die Ausführung MARDER 1A2 gewählt, da mir die Ausführung A3 zu steril war.

Die Fahrerprobung ergab ein gutes Fahrverhalten, was für die angewandte Ausführung der variablen Federung spricht. Aus dem „Erprobungsträger", der zuerst „nur so nebenbei" gebaut wurde, entwickelte sich ein anspruchsvolles Modell, bei dem außer den Laufrollen und Ketten alles neu entwickelt werden musste. Da der MARDER im Maßstab 1:8 nur recht selten nachgebaut wird, kam mein Modell bei Kollegen und beim Fachpublikum gut an. Er entstand in einer Bauzeit von einem Jahr."

1.7 Schützenpanzer M 113

Mit über 80.000 Stück, verteilt auf fast 50 Staaten, ist der M 113 der meist verbreitetste Schützenpanzer in der ganzen Welt. 1962 wurden die ersten M 113 bei der Bundeswehr eingeführt. Sein Erfolg liegt in seiner Einfachheit, den relativ günstigen Beschaffungskosten und der vielseitigen Verwendbarkeit. Der Panzer verfügt im Heck über einen acht Kubikmeter großen Nutzraum, der durch eine große Rampe zugänglich ist. Als Mannschaftstransportwagen bietet er Platz für 12 Soldaten. Der M 113 ist auch der erste Aluminium-Panzerwagen, der in Serie produziert wurde. Der Fahrer sitzt vorne links in der Wanne neben dem Motor. Die Kommandantenluke befindet sich in der Mitte und der Mannschaftsraum liegt im hinteren Teil.

Die Grundversion des Schützenpanzers ist voll schwimmfähig und wird im Wasser durch seine Ketten angetrieben. Vom M 113 gibt es eine ganze Reihe von Varianten. So wird er auch als Befehls-, Sanitäts- und Transportpanzer eingesetzt. Seit 1971 wird er bei der Bundeswehr auch als Panzermörser verwendet. Die Höchstschussweite des Mörsers beträgt 6200 Meter.

Durch Nachrüstung erreicht die heutige Variante ein Gewicht von 13 t gegenüber der Grundversion von 9,1 t.

Technische Daten

Länge:	**5,0 m**
Breite:	**2,7 m**
Höhe:	**2,2 m**
Gewicht:	**13 t**
Motorleistung:	**154 kW (210 PS)**
Geschwindigkeit:	**50 km/h**
Fahrbereich Straße:	**380 km**
Besatzung:	**5 Mann**
Bewaffnung:	**1 - Mörser 120 mm, 1 - MG 7,62 mm**

Herr **Heinrich Schultz, Lüder-Wose-Straße 46, 29221 Celle**, baute ein Modell des Schützenpanzers M 113 im Maßstab 1:8 in einer Bauzeit von zwölf Monaten. Eine Bauzeit von ca. einem Jahr ist eine verhältnismäßig kurze Dauer für den Bau eines Panzermodells in dieser Größe. Das kommt laut Aussagen von Herrn Schultz daher, dass der M 113 verhältnismäßig leicht aufzubauen ist, da er über keine Rundungen verfügt.

Der Aufbau kann aus Sperrholz, Aluminium oder Kunststoffplatten erfolgen, so dass die einzelnen Seitenwände einfach durch Aluwinkel auf der Bodenplatte befestigt werden können. Das Modell eignet sich daher vorzüglich als Einsteigermodell in den Panzermodellbau. Herr Schultz baute

Bild 1.7.1 Schützenpanzer M 113 von Herrn Schultz im Rohbau

Bild 1.7.2 Das fertige Modell des M 113 von Herrn Heinrich Schultz

sein Modell aus 2 mm starken Aluplatten. Die Kette und die Antriebskränze wurden bei der Firma Conrad-Electronic gekauft, die Laufrollen hingegen selbst angefertigt. Der Antrieb erfolgt durch zwei 24-Volt- Elektromotoren, die durch selbstgebaute elektronische Drehzahlsteller angesteuert werden. Mit einem 24 V/10 Ah-Fahrakku beträgt die Fahrzeit mit einer Akkuladung ca. 45 Minuten.

Da es für den M 113 keine Bauunterlagen gab, kletterte Herr Schultz auf einen Originalpanzer dieses Typs, um alle wichtigen Maße mit dem Zollstock abzunehmen. Als weitere Bauhilfe dienten viele Detailfotos. Bleibt noch zu erwähnen, dass er sich beim Nachbau für den Typ des Mörserträgers entschieden hat. Die Waffenanlage ist voll funktionsfähig.

Ein Zeichnungssatz mit Fotos kann von Herrn Schultz angefordert werden. Bitte Rückporto beilegen!

Ein Modell eines UN-Sanitätspanzers baute Herr **Andreas Schmitz, Großer Markt 29, 47533 Kleve**, im Maßstab 1:8 nach. Hier sein Bericht:

„Aufgrund eines glücklichen Zufalls kam ich in den Besitz eines mir bis dahin unbekannten, einzigartigen Sanitätspanzermodells der UNO. Das Modell war zu diesem Zeitpunkt schon 15 Jahre alt, befand sich aber in sehr gutem Zustand und war mit viel Liebe zum Detail gebaut worden.

Da der Erbauer nicht mehr zu ermitteln war, ergab sich nach umfangreichen Recherchen, dass als Vorbild das von der Firma Kässbohrer in den

Bild 1.7.3 Modell eines UN-Sanitätspanzer im Maßstab 1:8 von Herrn Schmitz

Bild 1.7.4 Das Modell von hinten

Bild 1.7.5 Das Modell mit geöffneten Türen, die Verwundetenbahren können herausgenommen werden

80er-Jahren entwickelte und gebaute Flexmobil FM 150K gedient hatte. Das Originalfahrzeug wurde mit einem luftgekühlten Turbodiesel OM 366A von Mercedes Benz angetrieben. Wie der Name schon andeutet, ist das Flexmobil äußerst flexibel. Extreme Geländeformen, die andere, auch allradgetriebene Fahrzeuge kapitulieren lassen, schafft das Flexmobil spielend. Es überwindet mühelos Steigungen bis 45 Grad und ist bis 80 cm Wassertiefe watfähig. Dabei ist es voll straßentauglich! In Europa, in Übersee und selbst in der Antarktis hat sich das Flexmobil bereits gut bewährt. Souverän meistert es steiniges Gelände, Moor, weichen Untergrund, Sand und Schnee. Das Fahrzeug wurde in den 80er-Jahren in verschiedenen Varianten gebaut.

Bei dem hier vorgestellten Modell handelt es sich um eine militärische Ausführung als UN-Sanitätspanzer. Als Fahrgestell wurde das von der Firma Conrad-Electronic als Pistenraupe „Catwiesel" bekannte Modell verwendet. Das Fahrgestell besteht aus jeweils einem Kettentreibrad mit einem Durchmesser von 66 mm vorne und hinten sowie vier Laufrädern mit 50 mm Durchmesser und zwei Stützrollen mit 28 mm Durchmesser. Alle Räder sind gummigepolstert. Die Kette hat eine Breite von 66 mm. Das Fahrge-

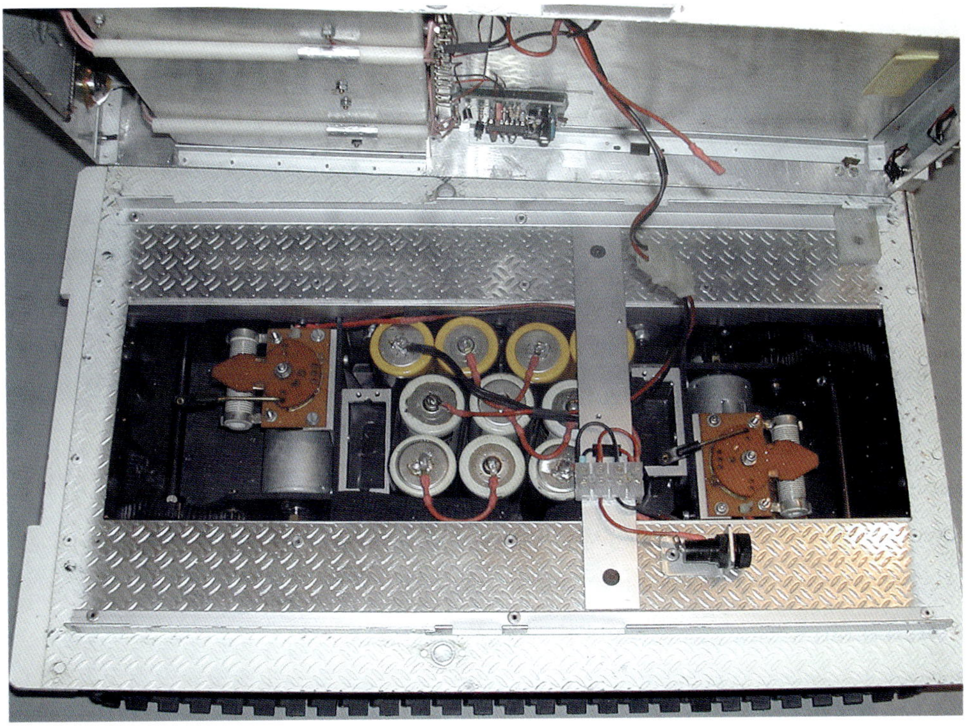

Bild 1.7.6 Blick in die Wanne auf den Antrieb des Modells

stell entspricht fast dem des Flexmobils FM 150K, nur dass das Modell eine Lauf- und eine Stützrolle weniger aufweist als das Original. Nun mag man einwerfen, das wäre nicht mehr vorbildgetreu. Das ist zwar richtig, dennoch stellt dieses Fahrgestell eine preisgünstige Alternative zum Selbstbau dar.

Alle Motor- und Getriebekomponenten sind vorhanden und aufeinander abgestimmt. Die Aluplatte, die auf das Fahrgestell aufgesetzt wurde und das Wannenoberteil abschließt, besteht aus einem Riffelblech mit einer Stärke von 2,5 mm. Das Fahrgestell wurde mit zahlreichen Anbauten wie Schleppösen für Schleppstangen oder Schleppgeschirr, Aufstiegshilfen hinten sowie Deichselaufnahmen vorne und hinten versehen.

Der Aufbau wurde komplett aus Aluminium in zwei durch eine Mittelwand getrennte Bereiche, sprich Fahrer- und Beförderungskabine, aufgebaut. Als Material diente 2-mm-Alublech, die Teile wurden gekantet und vernietet. Alle Türen sind funktionstüchtig mit Scharnieren und Schlosskasten versehen. Das Fahrerhaus ist komplett mit Instrumententafel, Feuerlöscher und drei Sitzen ausgestattet.

In der Beförderungskabine sind zwei jeweils links und rechts montierte Bahren untergebracht, die sich herausnehmen lassen. Die Bodenplatte des Aufbaus besteht aus 3-mm-Riffelblech. Oben auf dem Aufbau wurden ein Handlauf, ein Überrollrohr sowie Rundumkennleuchten montiert. An der hinteren Tür befindet sich noch eine Leiter für den Aufstieg auf das Dach, außerdem wurde das Modell mit einer Lichtanlage versehen. Angetrieben wird das Fahrzeug mit zwei Mabuchi-Elektromotoren der Klasse 500/600.“

Technische Daten

Länge:	**450 mm**
Breite:	**270 mm**
Höhe:	**290 mm**
Bodenfreiheit:	**26 mm**
Gewicht:	**1,4 kg**

1.8 Luftlandepanzer WIESEL

Aufgrund der weltweit veränderten sicherheitspolitischen Lage werden in vielen Ländern Streitkräfte zur Krisenbewältigung aufgestellt. Für diese Truppenteile bestehen insbesondere Forderungen nach Mobilität, Flexibilität und Luftbeweglichkeit.

Bild 1.8.1 Waffenträger WIESEL 2 (Foto: MaK)

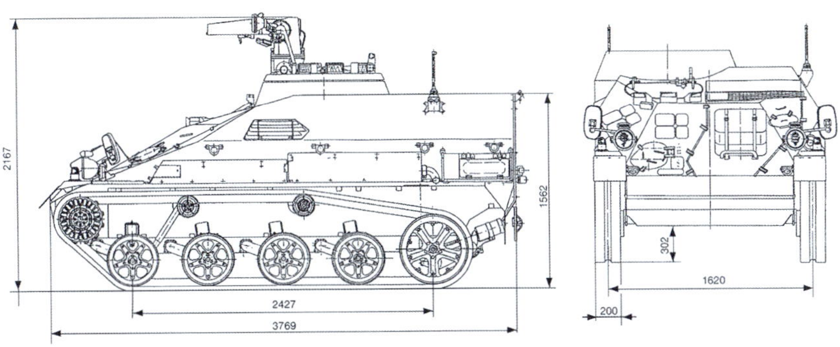

Bild 1.8.2 Seiten- und Frontansicht WIESEL 2 (Zeichnung: MaK)

Der lufttransportfähige kleine Panzer WIESEL 2 erfüllt in hohem Maße die technisch-taktischen Forderungen an ein leichtes, gepanzertes Fahrzeug. Wegen seines geringen Gewichts kann der WIESEL 2 als Innen- und Außenlast von Hubschraubern kurzfristig zum Einsatzort gebracht werden.

Bild 1.8.3 Waffenträger WIESEL BTM 208 (Foto: MaK)

Bild 1.8.4 Waffenträger WIESEL, Basisfahrzeug (Foto: MaK)

Als Innenlast von Flugzeugen ist er in größeren Stückzahlen schnell über weite Entfernungen transportierbar. So gehören z.B. mehrere WIESEL 2 zum Kontingent der deutschen Truppen in Afghanistan.

Das Fahrzeug bietet in seinen verschiedenen Konfigurationen eine moderne Alternative für den Anwender z.B. als Mannschaftstransport-, Aufklärungs-, Führungs-, oder Sanitätsfahrzeug sowie als Trägerfahrzeug für Mörser und andere Waffensysteme.

Da der WIESEL 2 weitgehend auf den bewährten Baugruppen des WIESEL 1 aufbaut, ist eine hohe logistische und technische Kompatibilität sichergestellt.

Der Antrieb besteht aus einem Audi-5-Zylinder-TDI-Motor und einem ZF-4-Gang-Automatikgetriebe mit hydrostatischer Überlagerungslenkung. Die jeweiligen Steuerelektroniken sind dialogfähig und dem Einsatz im Kettenfahrzeug angepasst.

Das Laufwerk wurde um eine Laufrollenteilung verlängert und auch die Wanne wurde entsprechend vergrößert. Daraus ergibt sich eine Verdopplung des verfügbaren Stauraums. Neben der bekannten Endlosgummibandkette kann alternativ eine gewichtsgleiche Verbindergleiskette zum Einsatz kommen. Die große Hecktür ermöglicht das schnelle Auf- und Absitzen der Besatzung bzw. Zugang zum verfügbaren Stau- oder Kampfraum.

Bild 1.8.5 Waffenträger WIESEL MILAN zur Panzerabwehr (Foto: MaK)

Unmittelbar hinter dem rechts neben dem Triebwerk befindlichen Fahrerplatz liegt der Kommandantensitz. Seine erhöhte Anordnung gewährleistet eine gute Rundumsicht.

Durch konsequente Verfolgung des Gedankens einer WIESEL-Familie entstand das Konzept für das Beobachtungs- und Aufklärungsfahrzeug WIESEL 2 ARGUS. Das Fahrzeug ist für folgende Missionen einsetzbar: Aufklärung, Spähaufgaben, Gefechtsfeldüberwachung, Artilleriebeobachter, Führungsfahrzeug und Sicherheitsaufgaben.

Technische Daten

Länge über alles:	**3,77 m**
Breite:	**1,82 m**
Höhe über alles:	**1,90 m max. (richtet sich nach Ausrüstung)**
Steigfähigkeit:	**60 %**
Gefechtsgewicht:	**3,6 t**
Zuladung:	**1,0 t**
Antriebsleistung:	**85 kW**
Geschwindigkeit:	**70 km/h**
Besatzung:	**bis 7 Mann**

Herr **Klaus Wehler, Planckstraße 32, 29221 Celle**, hat drei Modelle aus der WIESEL-Familie im Maßstab 1:8 nach gebaut. Bei seinen Modellen handelt es sich um den WIESEL 1 MK 20 (Maschinenkanone 20 mm), den WIESEL 1 TOW sowie den WIESEL 2 in der Sanitätsversion.

Herr Wehler schreibt zu seinen Modellen:

„Da ich über eine eher spärliche Maschinen- und Werkstattausrüstung verfüge, stellte ich Kontakt zur Firma Peter Müller in Alfeld her, die diese Fahrzeuge in wesentlichen Teilen fertigt.

Zur Vorbereitung sammelte ich sämtliche verfügbaren Bilder aus Zeitschriften und Zeitungen und besorgte mir ein Plastikmodell im Maßstab 1:35. Ferner nahm ich Kontakt zur wehrtechnischen Industrie auf, die mir und Herrn Müller großzügig erlaubte, am Original Maß zu nehmen und Skizzen anzufertigen. Eine Zeichnung des Sanitätspanzers WIESEL 2 wurde uns ebenfalls überlassen. So ausgerüstet konnte die Arbeit beginnen, wobei die einzelnen Teile, Bleche usw. von Herrn Müller zunächst zeichnerisch erfasst wurden.

Bild 1.8.6 *Modell WIESEL 1 MK20 von Herrn Wehler*

Bild 1.8.7 *Modell WIESEL 1 TOW von Herrn Wehler*

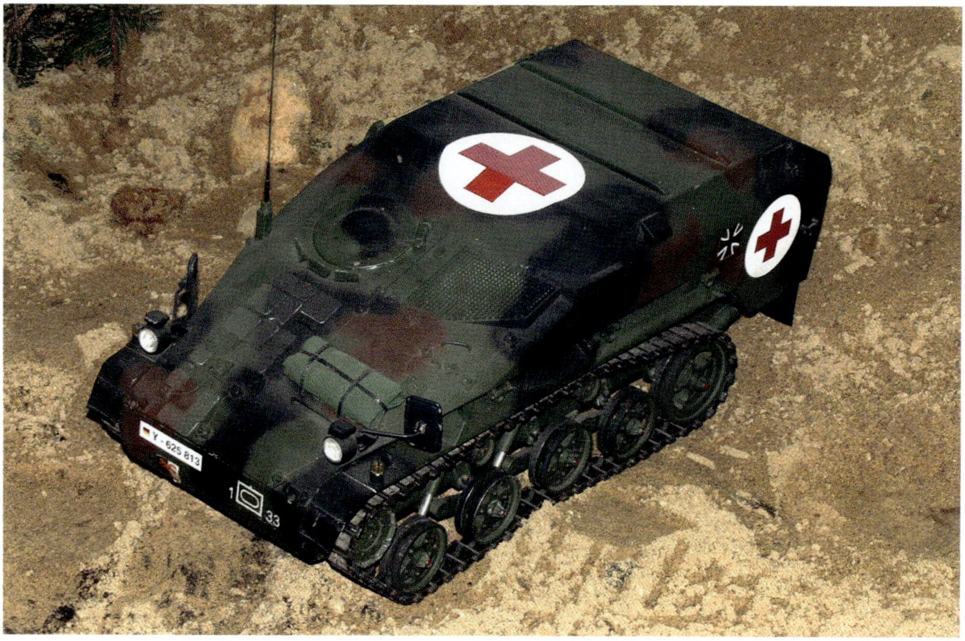

Bild 1.8.8 Modell WIESEL 2, Sanitätsausführung von Herrn Wehler

Die zugeschnittenen Bleche aus 1,5 bis 2 mm starkem Aluminium wurden im richtigen Winkel miteinander verschraubt oder verklebt. Die Laufrollen sind aus Aluguss hergestellt. Als Ketten für alle drei Modelle habe ich die neuen Endverbinderketten gewählt. Die einzelnen Kettenglieder bestehen aus Mittelteilen mit Mittelführungssteg, Bolzen und Endverbindern. Die Mittelteile sind aus Kunststoff mit beigemischten Metallspänen gegossen. Die Spannung der beiden Ketten wird wie beim Vorbild über eine originalgetreue Spannvorrichtung am Leitrad, das ja zugleich Laufrad ist, erreicht. Die Schwingarme, die beim Original mit halben Drehstäben gefedert sind, wurden im Modell mit Schraubenfedern versehen und innen am Wannenboden abgestützt. Dadurch ergibt sich am Wannenboden viel Platz zum Lagern der NiCd-Akkus für die Stromversorgung. Als Antrieb dient für jede Kette ein 12-Volt-Elektromotor mit vorgesetztem Getriebe. Die Kraftübertragung auf die Antriebskränze geschieht mittels Ketten. Die Motoren verleihen den Modellen eine dem Original entsprechende, wieselflinke Geschwindigkeit.

Da sich alle meine Modelle auch im schwersten Gelände bewähren müssen, habe ich mich nach den ersten Fahrerprobungen entschlossen, auch die Laufrollen mit Kugellagern zu bestücken, wodurch ein Verdrecken und Verstauben der Achsen verhindert wird und die Modelle noch leichtfüßiger laufen. Wie bei den Originalen habe ich die Laufräder mit einer Gummibandage versehen. Hierzu habe ich Scheiben von einem Fahrradschlauch abgeschnitten und mit einigen Klebepunkten fixiert.

Die Scheinwerfer sind mit 12-Volt-Glühbirnen ausgestattet, die Rücklichter aus Leuchtdioden mit quadratischem Querschnitt zusammengesetzt. Bei allen Modellen sind die Fahrer- wie auch die Kommandanten- und Ladeschützenluken zu öffnen. Unter diesen habe ich Schalter und Ladebuchsen versteckt. Beim Sanitätspanzer WIESEL 2 ist die hintere, zweiflügelige Tür wie beim Original weit zu öffnen."

Ein weiteres Modell des Waffenträgers WIESEL MK20 baut gerade Herr **Olaf Hackbarth, Feldmannhof 8, 30419 Hannover**, im Maßstab 1:8. Das Modell wird in Zusammenarbeit mit Herrn Grabenstein gebaut, der die Wanne dazu fertig gestellt hat. Das Fahrzeug wird außen mit Stoßdämpfern und innen mit Zugfedern gefedert. Das Modell soll später mit Elektromotoren (12 Volt) angetrieben werden. Der Turm ist drehbar gelagert und sehr detailliert und sauber gearbeitet. Die Waffe lässt sich heben und senken. Ein Patronengurt läuft von den Munitionskästen direkt in die Waffe. Eine Kommandantenfigur (von Peter Müller) ist so gestaltet, dass sie nach rechts schaut. Für die Ketten und Laufrollen wurden Modelle erstellt, nach denen Herr Grabenstein dann die Teile gegossen hat. Bis zur Fertigstellung des Modells ist aber noch viel Detailarbeit zu leisten. Wenn der Bau abgeschlossen ist, dürfte das Modell etwa 12 kg auf die Waage bringen.

Bild 1.8.9 Modell WIESEL 2 MK20 von Herrn Hackbarth

Bild 1.8.10 Modell WIESEL 1 MK20 von Herrn Hackbarth, Detailansicht Turm mit Waffe

Die Firma **Peter Müller, Gerdagstraße 7, 31061 Alfeld**, bietet Bausätze für den Luftlandepanzer WIESEL im Maßstab 1:8 an. Folgende Typen sind als Bausatz lieferbar: WIESEL 1 MK20, WIESEL 1 TOW, WIESEL 2 San, WIESEL 2 Spz und WIESEL 2 Ozelot (Flugabwehr).

1.9 Panzerhaubitzen

Die Panzerhaubitze 2000 gilt z.Zt. als die modernste Panzerhaubitze der Welt. Sie löst schrittweise die alte, wenig bewegliche 155-mm-Panzerhaubitze M 109 A3G ab. Die PzH 2000 wird bei den Artilleriebataillonen (18 Stück pro Bataillon), Brigaden und besonders zur Feuerunterstützung auf Bataillons- und Brigadeebene eingesetzt. Ihre Reichweite beträgt 40 km. Die Treffsicherheit wurde durch ein 52-Kaliber-Rohr und zielsuchende Munition wesentlich erhöht. Die Zeit bis zur Zielerfassung beträgt 30 Sekunden. Danach kann ein Feuerschlag mit acht Schuss innerhalb von einer Minute ausgeführt werden, wobei die ersten drei Schuss in weniger als 10 Sekunden verschossen werden.

Zur Bedienung der 55 Tonnen schweren PzH 2000 sind fünf Mann erforderlich, der Geschützführer, der Richtkanonier, der Fahrer und zwei Lade-

Bild 1.9.1 Panzerhaubitze 2000 (Foto: KMW)

kanoniere. Bei einer Motorleistung von 736 kW (8-Zylinder-Diesel) erreicht das Fahrzeug eine Höchstgeschwindigkeit von 60 km/h. Der Fahrbereich beträgt 420 km.

Moderne Technologie und ihre Systemeigenschaften machen die Panzerhaubitze 2000 zu einem reaktionsschnellen und feuerleittechnisch weitgehend autonomen und zielgenauen Geschütz mit hoher Kadenz. Verschossen wird 155-mm-NATO-Munition. Der modulare Aufbau des Waffensystems lässt Anpassungen an besondere Bedingungen sowie militärische und technische Erfordernisse zu.

Das frontgetriebene Fahrgestell mit seiner hohen Leistungsfähigkeit trägt über die Beweglichkeit zur Wirksamkeit und Überlebensfähigkeit der Panzerhaubitze 2000 auf dem Gefechtsfeld entscheidend bei. Ihre Beweglichkeit ist mit der von Kampfpanzern vergleichbar. Das drehstabgefederte Stützrollenlaufwerk mit 2 x 7 Laufrollen, Lineardämpfern und hydraulischen Endanschlägen nutzt bewährte Komponenten der Fahrzeuge der LEOPARD-Familie.

Bild 1.9.2 Panzerhaubitze 2000 (Foto: Mak)

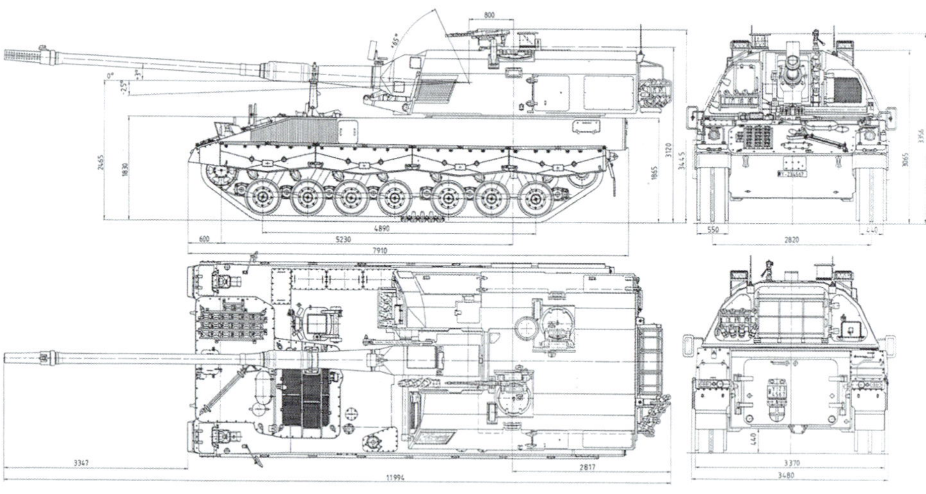

Bild 1.9.3 Vierseitenansicht Panzerhaubitze 2000 (Foto: MaK)

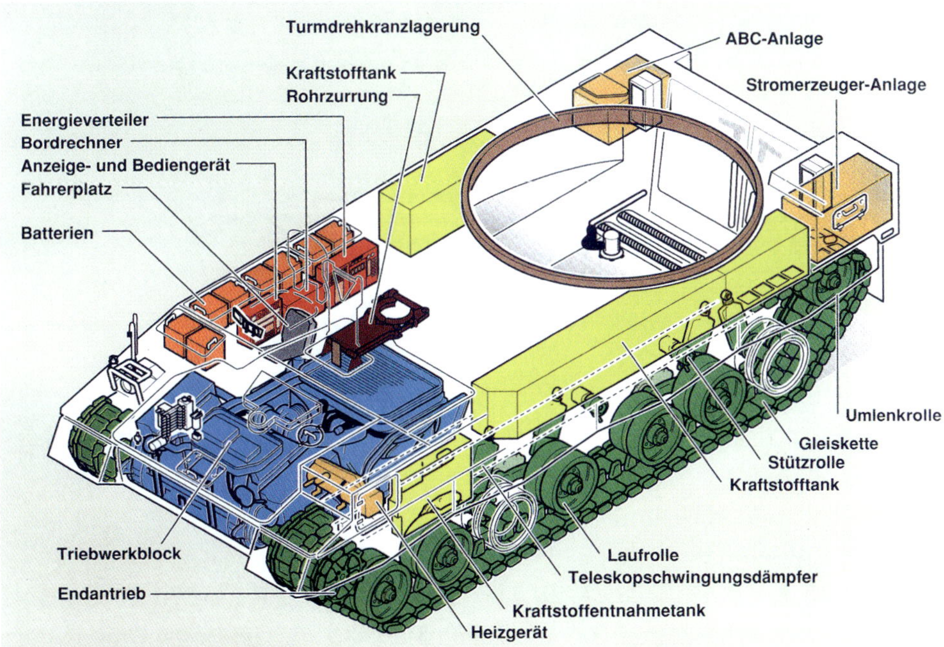

Bild 1.9.4 Anordnung der Komponenten in der Wanne der Panzerhaubitze 2000 (Foto: MaK)

Ganz klar, dass bereits kurz nach Einführung der PzH 2000 ein Panzermodellbauer Gefallen an diesem technischen Wunderwerk fand und es als Modell im Maßstab 1:7 nachbaute. Herr **Heinz Grabenstein, Klinkenweg 28, 50189 Elsdorf**, baute das Modell so vorbildgetreu nach, dass es vom Original kaum zu unterscheiden ist. Als Antrieb verwendet er zwei Lüftermotoren aus einem PKW, die über zwei Drehzahlsteller angesteuert werden (24-Volt-Betrieb). Die Kraftübertragung erfolgt vom Motor zum Kettenantrieb über ein Ritzel mit 10 Zähnen auf die Antriebswelle (30 Zähne). Für den Turmantrieb wurde ein 6-Volt-Motor mit Untersetzungsgetriebe verwendet, der auf einen Zahnkranz arbeitet. Im Turm eingebaut ist ferner eine Schießanlage für acht Schuss 9-mm-Platzpatronen.

Einen Vorläufer der Panzerhaubitze 2000, die Panzerhaubitze M109 A3 GEA1, baute Herr **Josef Göbel, Hünenburgstr. 32, 59872 Meschede**, im Maßstab 1:10 nach.

Ein weiteres Modell der Panzerhaubitze 2000 baute Herr **Günter Haider, Alt Hustedt 13, 29229 Celle**, im Maßstab 1:7. Hier sein Bericht:

„Früher war ich eigentlich einmal Modellflieger. Weil ich jedoch den Sender beim Fliegen nicht mehr feinfühlig genug bedienen konnte, wechselte ich,

Bild 1.9.5 Panzerhaubitze 2000, Modell im Maßstab 1:7 von Herrn Grabenstein

Bild 1.9.6
Das Modell mit dem Geschütz in Feuerstellung

Bild 1.9.7 Ein Blick in die Turmelektronik

Bild 1.9.8 Ein Blick in die Wanne

Bild 1.9.9 Panzerhaubitze 2000

Bild 1.9.10 Nochmals das Modell von Herrn Grabenstein

Bild 1.9.11 Das Modell während einer Vorführung auf der Hamburger Modellbauausstellung

Bild 1.9.12 Modell der Panzerhaubitze M 109 A3 GEA1 im Maßstab 1:10 von Herrn Josef Göbel

Bild 1.9.13 Blick in die Wanne des Modells Panzerhaubitze von Herrn Göbel

Bild 1.9.14 Modell der Panzerhaubitze 2000 im Maßstab 1:7
von Herrn Günter Haider

Bild 1.9.15 Das Modell von der rechten Seite aus gesehen

nicht zuletzt durch den Rat eines Bekannten, der schon große Modelle gebaut hatte, zum Panzermodellbau. Als erstes Modell baute ich nach Plänen den Kampfpanzer LEOPARD 2A4. Nach einigen Jahren Bauzeit, natürlich mit Unterbrechungen, war der Panzer einsatzbereit. Leider passierte im Mai 1996 ein Missgeschick: Im Turm explodierte die Schießanlage, so dass ich das gute Stück erst mal in die Ecke stellte. Weil ich den LEO nicht mehr reparieren wollte, fing ich an, die Panzerhaubitze 2000 nachzubauen, die damals gerade bei der Bundeswehr eingeführt wurde. Als Vorbild diente mir ein Plastikmodell im Maßstab 1:35. Außerdem durfte ich bei der Bundeswehr in Munster Fotos vom Original machen und an der Haubitze Maß nehmen.

Danach konnte mit der Arbeit begonnen werden. Als Material verwendete ich Aluminium. Den Wannenboden aus 1,5 mm starkem Alublech kantete ich beidseitig einige Zentimeter ab und schraubte die 5 mm starken Seitenwände daran fest. So ergab sich eine genügende Seifigkeit. Die Oberwanne besteht ebenfalls aus 1,5-mm-Alublech. Die Motorraumklappe und die hintere Tür sind zu öffnen, beim Original vorhandene Klappen wurden nachgebildet. Zwei davon sind ebenfalls zu öffnen, dahinter verbergen sich die Ladebuchsen und Schalter.

Das Turmoberteil besteht auch aus 1,5 mm starkem Alublech, der Turmboden ist allerdings 5 mm stark, weil hier der Drehkranz befestigt ist.

Laufrollen und Stützrollen drehte ich mir aus Kunststoff. Die Bandagen der Rollen bestehen aus Gummi, die Schwingarme fräste ich dem Original entsprechend.

Hier muss ich einfügen, dass ich glücklicherweise über alle nötigen Maschinen zur Metallbearbeitung und über die entsprechenden Kenntnisse verfüge.

Die Schwingarme habe ich, abweichend vom Original, nicht mit Drehstäben gefedert sondern über in der Wanne befestigte Hebel und Zugfedern. Dadurch ergab sich in der Wanne ein Platzgewinn.

Die Kette setzte ich in bewährter Weise aus einer Kunststoffplatte mit Kettengliedern einer Fahrradkette zusammen. Das gibt der Kette das Aussehen einer Endverbinderkette und sie ist gegenüber einer aus Alu gegossenen Kette enorm haltbar. Dazu kommt, dass die handelsüblichen Kettenräder von Fahrrädern benutzt werden können. Natürlich müssen sie noch bearbeitet werden, was bei der Härte des Materials nicht einfach ist. Die Kettenglieder erhielten mittig noch eine Nut, in die der Mittelführungssteg eingeschraubt wurde. Auf die Laufflächen der Kettenglieder habe ich Gummiplatten aufgeklebt.

Für den Antrieb der Haubitze fertigte ich zwei Getriebe, an die je ein Lüftermotor angeflanscht wurde. Diese Motoren können wahlweise mit 12 oder 24 Volt betrieben werden. Eine Umschaltmöglichkeit besteht mittels eines eigens angefertigten elektronischen Bauteils, das über den Sender zu bedienen ist. Die Verbindung zwischen den Wellen der Getriebe und der Kettenantriebszahnräder übernimmt eine Mini-Gliederkette.

Die Stromversorgungen der einzelnen Komponenten in der Wanne und im Turm sind voneinander getrennt und werden jeweils über einen eigenen Empfänger angesteuert. Der Turm lässt sich um 360 Grad drehen. Das in diesem Maßstab gewaltige Geschützrohr kann ich mittels Getriebemotor und Gewindespindel in der Höhe richten. Endabschalter sorgen für eine Abschaltung in den entsprechenden Endstellungen. Eine Abschussvorrichtung für 9 mm-Knallpatronen ist geplant. Für den vorbildgetreuen Fahrbetrieb ist ein Motorgeräuschmodul eingebaut, dessen Lautstärke drehzahlabhängig gesteuert wird.

Selbstverständlich sind sämtliche Beleuchtungseinrichtungen einschließlich der Rundumkennleuchte funktionstüchtig eingebaut. Nachdem das Modell dann den originalgetreuen Dreifarben-Tarnanstrich erhalten hatte, konnte endlich die erste Ausfahrt unternommen werden, die sehr zufriedenstellend verlief. Dank der geringen Materialstärke beträgt das Gewicht des Modells im fahrfertigen Zustand nur 58 kg."

Ein Modell der ebenfalls älteren Panzerhaubitze M 110 A2 baute Herr **Erwin Bock, Totlager 6, B-4731 Rearen, Belgien**, im Maßstab 1:8. Hier sein Bericht:

„Die Feldhaubitzen des Typs M 107 (175 mm) und M 110 (203 mm) wurden ab 1964 mit 150 bzw. 80 Fahrzeugen bei der Feldartillerie der Bundeswehr eingesetzt. Als kampfwertsteigernde Maßnahme wurde ab 1985 ein langes Rohr mit Mündungsbremse von der Firma Rheinmetall eingebaut. Die Haubitzen wurden 1993 ausgemustert. Ich habe diese Haubitze in Meppen gesehen und war von der kräftigen Lafette, der Wanne mit den großen Rädern, der mächtigen Stützschaufel, dem Hydraulikzylinder und dem gewaltigen Rohr sofort beeindruckt und wollte sie als Modell nachbauen. Bald stellte ich fest, dass ich mir da einiges an Arbeit eingehandelt hatte, da kein Gehäuse die Mechanik verdeckt und alles selbst angefertigt werden musste. Daher bin ich auch noch nicht ganz fertig mit meinem Modell.

Am Anfang standen mir etliche Fotos und ein Bausatz im Maßstab 1:35 zur Verfügung. Ich wollte das Modell im Maßstab 1:8 bauen und fertigte zunächst die Pläne an. Außer der Conrad-Kette standen von Anfang an ein komplettes Getriebe, Motoren und ein Akku zur Verfügung.

Bild 1.9.16 Modell der Panzerhaubitze 203 mm M 110 A2 im M 1:8 von Herrn Erwin Bock

Bild 1.9.17 Das Modell von hinten

Bilder 1.9.18 bis 1.9.20 Detailaufnahmen des Modells von Herrn Bock

Die Wanne wurde aus 2,5 mm starkem Alublech gekantet, gebogen und verschweißt. Die Radachsen sind doppelt gelagert und mit Drehstäben gefedert. Antriebskränze und Vorgelege wurden aus PVC-Scheiben gedreht und kugelgelagert. Der letzte Radsatz hinten ist verschiebbar und dient als Kettenspanner. Die große Bugöffnung eignet sich gut für den Antriebsblock, die hintere Öffnung mit 260 mm Durchmesser für die Lafette. Die Wanne hat eine Länge von 720 mm und eine Höhe von 80 mm.

Die Stützschaufel fertigte ich aus 0,8-mm-Messingblech an, sie hat eine Breite von 400 mm und eine Höhe von 80 mm. Die beiden Hydraulikzylinder haben innen liegende Zugfedern zur Unterstützung des Hubgetriebes in der Wanne, dort befindet sich auch der entsprechende Getriebemotor.

Das Geschützrohr besteht aus vier gedrehten PVC-Teilen, die übereinander gesteckt sind und in einem Seelenrohr aus Edelstahl von 22 mm Durchmesser münden. Der größte Durchmesser beträgt 58 mm. Das Rohr hat eine Länge von 980 mm, das Gewicht beträgt 3 kg. Der Drehpunkt des Rohres liegt bei 940 mm. Der Verschluss ist von diesem Punkt aus 110 mm entfernt und hat einen Durchmesser von 70 mm, er ist ganz aus Stahl gefertigt. Als Übergang zum Seelenrohr (22 mm Durchmesser) dient ein Messingstutzen zur Aufnahme von 9-mm-Platzpatronen. Das eigentliche Verschlussteil besteht innen aus einem Gewindestück M 30 x 2 x 25 mm. Die Betätigung erfolgt über einen außen liegenden Arm, an dem der Verschluss befestigt ist und mit dem der Verschluss hinein- oder herausgeschwenkt werden kann.

Die seitlich am Heck liegende Lademaschine hat wie beim Original die Aufgabe, die am Boden stehende Granate (Originalgewicht 93 kg) in das Rohr zu transportieren.

Noch fehlt die gesamte Elektronik und alle Hydraulikleitungen. Jeder, der wie ich seit über 25 Jahren Panzermodelle in den Maßstäben 1:10 und 1:8 baut, kann abschätzen, was es bedeutet, ein solches Modell zu bauen. Es war keine leichte Aufgabe, ja stellenweise eine nervenzehrende Arbeit.“

1.10 Spähpanzer LUCHS

Viel sehen, ohne selbst gesehen zu werden, ist der Grundsatz der Panzeraufklärer. Das Abtasten der feindlichen Front, das Einsickern in Frontlücken, das Herausfinden der starken und schwachen Stellen des Feindes, darauf kommt es an. Um diesen Forderungen zu entsprechen, benötigt die Panzeraufklärungstruppe schnelle und bewegliche Fahrzeuge. Diese Forderungen können nur von einem leistungsfähigen Radfahrzeug erfüllt werden.

Der Achtrad-Spähpanzer LUCHS ist ein allradgetriebenes und schwimmfähiges Aufklärungsfahrzeug mit einer Besatzung von vier Mann. Kommandant und Richtschütze befinden sich im Turm. Neben dem Fahrer verfügt der LUCHS auch noch über einen Rückwärtsfahrer, der zusätzlich auch die Funktion des Funkers übernimmt. Der Rückwärtsfahrer ist deswegen notwendig, da der LUCHS durch seine technische Ausrüstung in der Lage ist, vorwärts wie rückwärts gleich schnell fahren zu können. Dies bietet den Vorteil, dass es in kritischen Aufklärungssituationen nicht notwendig ist, das Fahrzeug erst zu wenden, sondern es kann sofort ein schneller Rückmarsch angetreten werden. In diesem Fall übernimmt dann der Rückwärtsfahrer die Funktion des Fahrers.

Wahlweise lässt sich das Fahrzeug mit Zwei- oder Vierachslenkung fahren. Es ist damit sehr wendig und manövrierfähig. Angetrieben wird der Spähpanzer von einem 10-Zylinder-Dieselmotor, der ihm eine Höchstgeschwindigkeit von 90 km/h verleiht. Bei Wasserfahrt erfolgt der Antrieb durch zwei am Heck befindliche Ruderpropeller. Als Hauptwaffe dient eine 20-mm-Maschinenkanone mit einer Kadenz von ca. 1.000 Schuss pro Minute. Am Lukenring des Kommandanten besteht ferner die Möglichkeit, ein 7,62-mm-Fla-MG anzubringen.

Im Bosnien-Herzogowina-Einsatz hat sich der LUCHS bei der SFOR-Truppe bestens bewährt. Er wurde dort zum Konvoischutz eingesetzt.

Bild 1.10.1 Spähpanzer LUCHS

Technische Daten

Länge:	**7,74 m**
Breite:	**2,98 m**
Höhe:	**2,91 m**
Gefechtsgewicht:	**19,6 t**
Motorleistung:	**286 kW**
Geschwindigkeit:	**90 km/h**
Geschwindigkeit im Wasser:	**10 km/h**
Steigfähigkeit:	**60 %**
Fahrbereich:	**800 km**

Ein Modell des Spähpanzers LUCHS hat Herr **Hans J. Rathke, In der Stuken 13, 21337 Lüneburg** im Maßstab 1:8 gebaut. Herr Rathke baut seit mehr als 25 Jahren Funktionsmodelle, vorwiegend Militärfahrzeuge. Schon im Dienst als Technischer Stabsoffizier in der Panzertruppe, später im Spezialstab ATV der Kampftruppenschule in Munster, suchte er einen

Bild 1.10.2 Modell des Spähpanzers LUCHS im Maßstab 1:8 von Herrn Rathke

Weg, die ihn faszinierende Technik von Geländefahrzeugen über den Beruf hinaus in Modelle umzusetzen. Hier sein Bericht:

„Nach Ausschöpfen der vielen Möglichkeiten bei Kettenfahrzeugmodellen reifte seit 1980 immer mehr der Wunsch, auch Radkraftfahrzeuge im Maßstab 1:8 oder 1:10 zu bauen. Leider scheiterte dieses Vorhaben an fehlenden Reifen. Also begann ein sehr mühsamer und durch unzählige Fehlversuche gekennzeichneter Weg.

1981 wurden die ersten Reifen UNIROYAL M-Profil 14.00-20 im Maßstab 1:10 für den Lkw 10t gl MAN gefertigt (aus echtem Gummi). Jeder, der sie am Modell sah, war begeistert. Die häufig gestellte Frage, wie sie hergestellt wurden, wollte ich irgendwann gar nicht mehr beantworten, da die meisten Fragesteller nach kurzer Zeit schon gar nicht mehr zuhörten und spätestens dann abschalteten, als sie einen möglichen Preis genannt bekamen... Aber nach der Erstellung der Reifen war der Bau des 8x8-Lkw nur noch eine Frage der Zeit. Danach entstanden noch Echtgummi-Reifen MICHELIN XS 18 R 22,5 und der dazugehörige Schwerlast-Transporter der Bundeswehr SLT 50-2 im Maßstab 1:10. Bei dem nachfolgend beschriebenen Modell LUCHS A2 ging ich dann aber nicht mehr den schwierigen Weg mit Echtgummi-Reifen, sondern stellte eine abriebfeste Gießmasse nach eigener Rezeptur her.

Aber nicht nur die Reifen stellen bei Radfahrzeugmodellen eine fast unüberwindbare Hürde dar, sondern auch die Achsen. Die im Handel angebotenen Achsen hatten weder die Überbreite (ca. 2,5 m Fahrzeugbreite beim Original), noch dem Original entsprechende Differentialgehäuse. Die erhältlichen Achsen haben fast doppelt so große Differentialgehäuse als die MAN/DB-Einheitsachsen. Also fertigte ich vorab aus 35 x 35-mm-Vierkant-Aluminium Achsen mit kleinem Ausgleichs-Differential und zusätzlichen Untersetzungen in den Rädern. Für die Untersetzung in den Radaufnahmen habe ich eine Innenverzahnung in der Radschüssel, angetrieben von zwei Ritzeln, gewählt.

Das Modell besteht aus zwei leicht trennbaren Teilen, dem Fahrgestell mit Antriebs- und Elektronikkomponenten sowie der Oberwanne mit Turm, die aus Glasgewebe mit Epoxid-Harz laminiert. Das Fahrwerk ist wie beim Original aufgebaut. Die beiden Vorder- und Hinterachsen, die an Längslenkern geführt sind, stützen sich auf Schraubenfedern ab, die paarweise seitlich an einer symmetrischen Pendelschwinge aufliegen. Durch diese oberhalb der Räder liegende Pendelschwinge wird eine extreme Achs-Ein- und -Ausfederung erreicht. Das Modell hat wie das Original Allradlenkung, die während der Fahrt wahlweise über beide Vorderachsen und/oder beide Hinterachsen wirkt. Dadurch lässt sich auch ein sog. „Hundegang“ schalten,

Bild 1.10.3 Heckansicht des schwimmfähigen Modells von Herrn Rathke. Deutlich sind die beiden Ruderpropeller zu sehen

Bild 1.10.4 Blick in die Wanne des LUCHS

bei dem das Fahrzeug auch schräg seitlich fahren kann. Das Getriebe hatte ursprünglich zwei sich überlagernde Motoren. Durch diese Anordnung konnte stufenlos in zwei Drehzahlbereichen gefahren werden. Die Fahrer-

Bilder 1.10.5 und 1.10.6   Detailansichten des Modells von Herrn Rathke

Bild 1.10.7 Das Modell des LUCHS im Gelände

probung ergab jedoch, dass dieser technische Aufwand praktisch nicht genutzt wurde. Da der Drehzahlsteller den gesamten Drehzahlbereich bei 24 Volt problemlos regelte, wurde die Aufschaltung des zweiten Antriebs über ein Ausgleichsgetriebe oft vergessen. Den zweiten Gang habe ich deshalb und auch wegen des starken Verschleißes im Ausgleichsgetriebe wieder entfernt.

Die hohe Geländegängigkeit des Modells wird auch durch die maßstabsgetreue Bodenfreiheit und 8 Reibungsstoßdämpfer erreicht. Der auf der Oberwanne drehbare Turm mit der 20-mm-Schnellfeuerkanone ist mit dem neuesten Wärmebild-Ziel- und Beobachtungsgerät ausgeführt und besitzt koaxial zum Rohr einen Mini-Laser, mit dem Ziel bis zu einer Entfernung von ca. 10 m mit Licht „beschossen“ werden können. Bei Aktivierung des Lasers schaltet sich eine Rundumkennleuchte ein. Zur Schussdarstellung ist ein Geräuschmodul installiert, das mit den Originalgeräuschen programmiert wurde.“

1.11 Transportpanzer FUCHS

Der Transportpanzer FUCHS ist ein geländegängiges, gepanzertes Radfahrzeug, das eine selbst tragende Wanne aus Panzerstahlblech besitzt. Alle Räder der drei Achsen sind angetrieben, die beiden vorderen sind als Lenkachsen ausgebildet. Der FUCHS ist voll schwimmfähig und wird in 22 Varianten bei Kampf- und Einsatzunterstützungstruppen eingesetzt.

Bekanntgeworden ist der Transportpanzer als „Spürfuchs" im 1. und 2. Golfkrieg und bei den Einsätzen in Somalia und im ehemaligen Jugoslawien. Der „Spürfuchs" wird bei der ABC-Abwehrtruppe zur ABC-Aufklärung eingesetzt. Eine weitere Ausführung, der „Eloka-Fuchs", dient der Fernmeldetruppe als Störsender HUMMEL gegen feindlichen Funkverkehr und der „Sanitätsfuchs" dient in der Sanitätstruppe zur Kranken- und Verwundetenversorgung.

Diese und weitere Varianten des FUCHS lassen sich durch eine Reihe von Einbausätzen schnell verwirklichen. Er verfügt über eine ABC-Spürausstattung mit Navigationsanlage, in der kampfwertgesteigerten Form sogar über eine GPS-gestützte Navigations- und eine Raumkühlanlage. Auch andere Länder besitzen die ABC-Variante des Transportpanzers FUCHS.

123 Stück besitzt die US-Army, 11 Stück Großbritannien und 8 Stück Israel. Der „Spürfuchs" ist in der Lage, kontaminierte Geländeabschnitte zu erkunden und zu markieren sowie die Art der Kontamination (chemische oder radioaktive) zu analysieren.

Technische Daten

Gefechtsgewicht:	**18,3 t**
Motorleistung:	**235 kW**
Geschwindigkeit:	**max. 105 km/h**
Geschwindigkeit im Wasser:	**10 km/h**
Fahrstrecke:	**800 km**
Steigfähigkeit:	**60 %**
Besatzung:	**bis zu 12 Mann**
Bewaffnung:	**MG 7,62 mm**

Außer dem im vorigen Abschnitt beschriebenen Spähpanzer LUCHS, baute Herr **Hans-Joachim Rathke, In der Stuken 13, 21337 Lüneburg**, auch den Transportpanzer FUCHS ebenfalls im Maßstab 1:8.

Bilder 1.11.1 und 1.11.2 Modell des Transportpanzers FUCHS im Maßstab 1:8 von Herrn Rathke

Hier sein Bericht:
„Nach dem Spähpanzer LUCHS, der seit dem ersten Auslandseinsatz der Bundeswehr mehr und mehr das auffälligste Kampffahrzeug wurde, kam der in diesem Zusammenhang auch im Rampenlicht der Öffentlichkeit stehende Transportpanzer FUCHS als nächstes Modell in die engere Wahl. Außerdem hatten sich die Achsen und Reifen beim LUCHS bereits bewährt. Der Entschluss fiel nicht schwer, nun auch noch einen schwimmfähigen FUCHS zu konstruieren.

Meine gesammelten Erfahrungen bei der Entwicklung eines Baukastens für einen schwimmfähigen FUCHS im Maßstab 1:16 konnte ich für das Modell im Maßstab 1:8 gut verwerten. Eine wichtige Erkenntnis war z. B. die für eine Amphibie sehr wichtige Berechnung des Auftriebs. Besondere Bedeutung für den Auftrieb haben die Hohlkammer-Reifen und eine extreme Leichtbauweise des Modells. Die verwendeten Materialien sind hauptsächlich ABS und Aluminium.

Eine weitere Erfahrung wurde auch noch vom LUCHS übernommen, nämlich die, dass Elemente, die nicht sicher abgedichtet werden können, einfach ohne Dichtung konstruiert sein sollten. Das betrifft vor allem die Achsen und den empfindlichen Bereich der Abdichtung des Wannenkörpers an den Austrittsöffnungen der Achs- und Schwimm-Antriebswellen. Für die Achsen habe ich die Abdichtungen ganz vernachlässigt, dafür die Mög-

Bild 1.11.3 Das Fahrgestell des FUCHS von unten gesehen

lichkeiten für Wasserablauf, gut zugängliche Schmierstellen und rostfreie Komponenten bevorzugt. Wenn die Wellen und Lager aus rostfreiem Material bestehen und Zahnräder selbstreinigend ausgelegt sind, stellt Wasser, das ablaufen kann, keine Gefahr dar.

Der Antriebsmotor mit angeflanschtem Reduziergetriebe für die Schottelpropeller des Schwimmantriebs steht, wie auch die Lenkrudermaschine der Vorderachse, z.B. senkrecht in einer unten ganz offenen Kammer der Wanne. Da diese Wanne im Wasser wie eine Taucherglocke nur sehr wenig Wasser in sich aufsteigen lässt, bleibt der Elektromotor trocken, die Antriebswelle ragt dagegen nach unten ins Wasser und treibt den Propellerantrieb beidseitig ohne Probleme an. Wichtig ist bei dieser Bauweise jedoch, dass nach jedem Wassereinsatz eine intensive Wartung erfolgen muss.

Wie mein Modell LUCHS ist auch der FUCHS zweigeteilt konstruiert. Die Oberwanne mit allen interessanten Details bildet eine Einheit, sie kann nach Entriegelung und Abziehen des Mehrfachsteckers nach oben von der unteren Wanne abgezogen, abgelegt und getrennt „bearbeitet“ werden.

Die Unterwanne mit dem Fahrgestell bildet das eigentliche Grundfahrzeug, das streng genommen auch ohne die Oberwanne funktionsfähig ist. Die Unterwanne ist kastenförmig und ragt bis unter die Dachfläche der Oberwanne, sie liegt somit weit höher als die Wasserlinie des Fahrzeuges und ist über die gesamte Grundfläche oben offen.

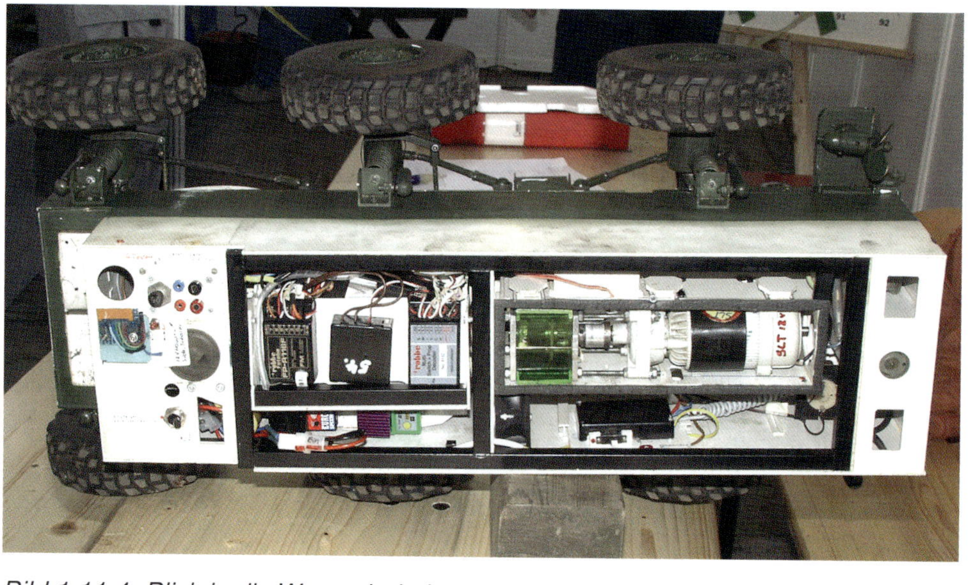

Bild 1.11.4 Blick in die Wanne bei abgenommenem Oberteil

Bild 1.11.5 Heckansicht des Modells von Herrn Rathke

Der 12-Volt-Motor GT 500/8 ist mit einem 2-Gang-Getriebe fest verschraubt und bildet eine Antriebseinheit, die mit wenigen Handgriffen nach oben aus dem Getriebeschacht herausgezogen werden kann. Dieser Getriebeschacht ragt innen auch über die Wasserlinie nach oben hinaus und ist geflutet. Bei dieser Bauweise ist es nicht verwunderlich, dass für den unerwünschten Notfall auch zwei Lenzpumpen in der Unterwanne installiert sind. Ein elektronischer Wassereinbruchmelder schaltet ferner bei Wassereinbruch eine Sirene ein.

In der ersten Vorderachse ist ein selbstsperrendes Torsen-Differential eingebaut, die zweite und dritte Achse werden mechanisch gesperrt. Mit gesperrten Achsen ist das Anlanden aus dem Wasser völlig problemlos."

Ein weiteres Modell des Transportpanzers FUCHS hat Herr **Olaf Hackbarth, Feldmannhof 8, 30419 Hannover**, im Maßstab 1:8 gebaut. Hier sein Bericht:

„Das Modell besteht komplett aus Aluminium, hat ein Gewicht von 35 kg, ist jedoch nicht schwimmfähig. Allerdings sind die Antriebspropeller für die Wasserfahrt funktionsfähig. Ferner lassen sich alle Türen und Luken öffnen.

Der Fahrerraum ist vorbildgetreu ausgebaut, selbst eine Winkerkelle, Zündschlüssel und eine Zigarettenschachtel sind zu sehen. Das Armaturenbrett

Bild 1.11.6 Modell des Transportpanzers FUCHS von Herrn Hackbarth

Bild 1.11.7 Das Modell von Herrn Hackbarth ist mit vielen Details ausgerüstet

ist beleuchtet, die rote Tarnbeleuchtung ist auch zu sehen. Die Hauptbeleuchtung, Tarnlicht, Warnblinkanlage und Rundumkennleuchte sind wie beim Original vorhanden. Sämtliche Halterungen und Werkzeuge wurden mit sehr viel Liebe zum Detail gefertigt, in den Behältern auf dem Dach

Bilder 1.11.8 bis 1.11.10 Herr Hackbarth hat sein Modell inzwischen „betriebsverschmutzt“, so dass es wirkt, als ob es direkt aus dem Einsatz käme

befindet sich Stacheldraht. Alle Abzeichen und Nummernschilder wurden von einem echten FUCHS abfotografiert und auf Klebefolie kopiert. Angetrieben wird das Modell von einem 24-Volt-Elektromotor, ein Geräuschmodul sorgt während der Fahrt für den richtigen Sound. Das Modell ist sehr detailliert ausgeführt und hat bereits den Rüstsatz mit Lafettenschutz und das modifizierte Auspuffsystem sowie die für den SFOR-Einsatz vorgeschriebenen Überbreitenmarkierungen.“

Herr **Thomas Geserick, Delitzscher Str. 77, 06116 Halle**, hat die Firma AFV-Model gegründet und bringt einen Bausatz des Transportpanzers FUCHS im Maßstab 1:16 auf den Markt. Hier sein ausführlicher Bericht, wie es von der Idee zum Modell kam:

„Schon lange wollte ich ein Radfahrzeug der Bundeswehr bauen. Der FUCHS gefiel mir ganz besonders. Vor allem halte ich das Konzept des Fahrzeuges, eine Kombination von einem geländegängigen Fahrzeug, gepaart mit Schwimmfähigkeit und einer Höchstgeschwindigkeit von 100 km/h, für zeitgemäß.

Ende 2002 stand es fest, dass meine zwei heutigen Partner, Viola Grüder und Stefan Giel, eine neue kleine Firma im Bereich „Modellbau militärischer Fahrzeuge“ gründen wollten. Wir als Modellbauer wissen um so manche Not beim Herstellen und Besorgen von diversen Kleinteilen für ein Modell dieser Kategorie. Der Geschäftsbereich umfasste zunächst die Entwicklung, Fertigung und den Vertrieb von Zurüstteilen für Modelle im Maßstab 1:16, vorrangig für die leider nicht mehr hergestellten Modelle LEOPARD und GEPARD von Tamiya. Bei unseren Artikeln handelt es sich aber nicht nur um vorbildgetreue Nachbauten verschiedener Anbauteile der Tamiya-Modelle sondern vielmehr um Teile, die nun auch funktionstüchtig sind, wie z.B. die Schäkel. Neben diesen Teilen wurden auch verschiedene Neuteile entwickelt, die diese Modelle entscheidend verbessern. So entstanden neue Laufrollenbolzen, die aufgrund der neuen Lagerung ein wesentlich besseres Fahrverhalten des Modells erzielen. Die Verkaufszahlen dieser Bolzen und die vielen positiven Rückmeldungen unserer Kunden bestätigen unsere Ideen und Entwicklungen.

Neben dem Teileangebot war von Anfang an auch geplant, komplette Modelle zu entwickeln. Hier sollte der Transportpanzer FUCHS im Maßstab 1:16 den Anfang machen. Grundsätzlich muss man sagen, dass ein einmaliger Bau eines Modells etwas ganz anders ist, als die Vorbereitung einer

Bilder 1.11.11 bis 1.11.13 Modell des Transportpanzers FUCHS im Maßstab 1:16, gebaut aus einem Baukasten von Herrn Geserick

Kleinserie. Wo der Modellbauer während des Baus verschiedene Sachen intuitiv ändert, bedeutet eine Änderung bei einer Kleinserie schon fast das Aus des Projekts. Daher ist eine gründliche Planung hierbei ein absolutes Muss, um die Kosten im erträglichen Rahmen zu halten.

Ich arbeite hauptberuflich als 2D/3D-Grafikdesigner und kenne mich daher mit der entsprechenden Software gut aus. Daher lag es auf der Hand, das Modell zunächst am Computer virtuell zu „bauen“, was den Vorteil bietet, dass sich so schon viele kleine Fehler bereits im Vorfeld ausräumen lassen.

Zunächst wurden Publikationen gesammelt und gesichtet. Insgesamt standen fünf Hefte und Bücher zur Verfügung, wobei in drei der Heften sogar Pläne im Maßstab 1:35 vorhanden waren. Diese Pläne wurden zunächst eingescannt und miteinander verglichen. Hierbei zeigte sich eine Übereinstimmung von nahezu 100 %. Nachdem die Pläne mit dem Original verglichen waren, standen die Basisdaten für die 3D-Entwicklung fest und der virtuelle Bau konnte beginnen.

Im 3D-Programm wurden zunächst die wichtigsten Ansichten wie Seite, Dach und Front/Heck im 3D-Raum exakt im Maßstab 1:16 positioniert. Im ersten Arbeitsgang wurden dann zunächst die wichtigsten Eckpunkte der Karosserie erfasst und an diesen Stellen „Punkte“ gesetzt. Nun wurden aus den Eckpunkten Flächen erstellt, und Stück für Stück entstand so der FUCHS als virtuelles „Hohlmodell“ am Computer. Dem Plan folgend wurden dann auch die Reifen und Felgen zunächst erstmal als sehr einfache Darstellungen erstellt. Nun waren die wichtigsten Eckmaße bekannt und ich musste mich wieder ganz irdischen Dingen widmen: Wer baut was? Welche Kugellagergrößen und welche Reifen gibt es, welche Motorklasse kommt sinnvollerweise zum Einsatz, mit oder ohne Vorsatzgetriebe, usw.

Bei der Recherche landete ich schließlich bei den Achsen vom robbe PANTHER und diversen anderen robbe-Teilen. Des Weiteren wurde nach verschiedenen Normteilen wie Zahnriemenscheiben gesucht, die im Modell im Bereich des Antriebs zum Einsatz kommen sollten. Dies alles nahm gut zwei Wochen in Anspruch, wobei einige Testteile zum Vermessen gleich gekauft wurden.

Von Anfang an stand fest, dass das Modell allradangetrieben und auch schwimmfähig sein sollte wie das Original. Nun ging es an die eigentliche Baukastenplanung.

Nachdem der Antrieb mit einem Getriebemotor der Klasse 540 mit Vorsatzgetriebe und Zahnriemenantrieb fest stand, wurden diese Teile zunächst im Computer 1:1 nachgebaut, um die Platzverhältnisse innerhalb des Modells realistisch einschätzen zu können. Genau so wurden die PANTHER-Achsen von robbe in 3D nachgebaut, um die genauen Aufhängungspunkte bestimmen zu können. Jetzt erst konnte mit der Karosserieplanung richtig begonnen werden.

Die Karosserie besteht aus 2 mm starkem Polystyrol. Dies ist mit einigen innen liegenden Versteifungselementen sehr stabil, aber trotzdem sehr leicht, um die Schwimmfähigkeit des Modells sicherstellen zu können. Einige wenige Teile bestehen aus 1-mm-Polystyrol. Hauptsächlich handelt es sich dabei um die Stützen des Abdeckblechs des Auspuffrohrs und einige nicht tragende Teile.

Den Anfang im inneren Bereich der Karosserie bildet der Tauchschacht für die Motorgetriebeeinheit. Von dort (im 3D-Raum) beginnend, wurden alle weiteren Flächen gebaut. So hat das Modell zwei von der Front bis fast zum Heck durchgehende Seitenwände, die eine hohe Verwindungssteifigkeit garantieren. Jede einzelne Polystyrolplatte wurde im Computer auch wirklich so gebaut, wie sie später gebraucht wird. Dies ist bei einer solchen Planung absolut entscheidend, damit die realen Teile später zusammen passen.

Um auch hier noch mehr innere Stabilität zu erreichen, wurden fast 80 % aller Teile miteinander verzahnt. So könnte man, rein theoretisch, das Modell auch ohne Kleber zusammen stecken. Stück für Stück entstand so der FUCHS in ca. 400 bis 600 Stunden am Computer als reines 3D-Modell. Immer wieder mussten dabei verschiedene kleine Änderungen einfließen.

Nachdem dieser recht zeitaufwändige Teil zunächst abgeschlossen war, mussten die 3D-Daten in Daten für eine CNC-Fräse umgewandelt werden. Das muss man sich so vorstellen, als nehme man zunächst jede einzelne Polystyrolplatte wieder komplett aus der Gesamtkonstuktion heraus und lege diese dann flach auf den Tisch. Bei den verschiedenen Winkeln beim FUCHS war das eine echte Geduldsarbeit. Ungenaues Arbeiten kann schnell zu Fehlmaßen führen, wodurch ein späteres Zusammenbauen der Einzelteile schlimmstenfalls unmöglich wird. Nachdem auch dieser Teil geschafft war, wurden verschiedene Tests für den Datenexport durchgeführt. Relativ schnell wusste ich dann auch um die Eigenarten der CNC-Software und wie man so manche Teile etwas „tricky“ importieren kann. In dieser Vorbereitungsphase entschieden wir uns schon zur Anschaffung einer neuen CNC-Fräse, die einen Arbeitsbereich von 1000 x 600 mm zulässt.

Den ersten FUCHS, ich nenne ihn immer den „Ur-FUCHS“, ließen wir bei einem befreundeten Modellbauer fräsen, da die neue Fräse noch nicht zur Verfügung stand. Dabei mussten die einzelnen Teile nochmals auf drei

Bilder 1.11.14 und 1.11.15 Blick von unten auf das Fahrgestell

ca. A3-große Plattenbereiche aufgeteilt werden. Nachdem ich diese Teile vorliegen hatte, wurde der erste FUCHS zusammengebaut. Hierbei muss ich sagen, dass die exakte Planung am PC sich auch wirklich gelohnt hat! Die einzelnen Teile passten absolut exakt zusammen. Zwischenzeitlich wurde auch das erste Getriebe mit Zahnriemenantrieb fertig und konnte eingepasst werden. Nun musste das Modell erstmal in die Badewanne zum Schwimmtest. Dabei wurden auf dem Dach des Modells einige Teile wie Achsen, Akkus, Elektronik usw. aufgesetzt, um das tatsächliche Modellgewicht zu simulieren. Schnell stellte sich heraus, dass am Modell noch weitere Änderungen vorgenommen werden mussten. Da in dieser Phase bereits abzusehen war, dass der funktionsfähige Schwimmantrieb doch einer längeren Experimentierphase bedurfte, wurde über das „Drag and Drop"-System nachgedacht. So wird das Modell grundsätzlich mit einem „Dummy" für den Schottelpropellerantrieb ausgeliefert, der später problemlos gegen eine funktionsfähige Einheit getauscht werden kann. Als weitere Änderung wurde ein Schwallbrett an der Frontseite des Modells eingeplant. All diese kleinen Änderungen führten dann zum FUCHS „EVO II", was nochmals einige Stunden Arbeit am Computer nach sich zog.

Im nächsten Arbeitsgang wurde der Ur-FUCHS auf die Beine gestellt. Dabei stellte sich heraus, dass die Reifen vom robbe-PANTHER doch zu

Bild 1.11.16 Nach Abnahme des Oberteils wird der Blick auf die Antriebsanlage frei

groß waren. Obwohl es viele verschiedene Reifenhersteller gibt, fanden wir keine passenden Exemplare, so dass wir schließlich Herr Barnhausen (www.barnhausen.de) mit der Fertigung dieser Spezialreifen beauftragten. Zwischenzeitlich standen dann sehr einfache aber maßhaltige Reifen zum Testen bereit. Damit wurde der Ur-FUCHS bestückt, wobei gleichzeitig die genaue Form der Felgen und Radkappen festgelegt werden konnte. Die ersten Fahrtests zeigten noch kleinere Schwächen bei den Federn und Achsaufhängungen, was jedoch leicht behoben werden konnte. Der mit dem PC berechnete gemeinsame Anlenkhebel der beiden Vorderachsen wurde exakt gefräst und bewies ein weiteres Mal die Richtigkeit der 3D-Planung. Aufgrund des Gesamtgewichts von nur 3,5 kg nimmt der FUCHS fast jedes Hindernis im Gelände. Nun konnten auch die diversen Messingfeingussteile geplant und die Prototypen für den Guss erstellt werden.

Vieles davon entstand in Handarbeit und forderte ein bis zwei Monate Arbeit.

Inzwischen war auch die neue CNC-Fräse einsatzbereit und die ersten drei EVO II-Modelle wurden gefräst. Die Passgenauigkeit der Teile war auch hier wieder sehr exakt, wobei allerdings bei jedem FUCHS noch genug Handarbeit übrig blieb. So kann die CNC-Fräse nur gerade Kanten fräsen. Die beim Zusammenbau bereits integrierte Schwallbrettmechanik funktionierte so wie zuvor am PC virtuell geplant. Diese Mechanik ist dem Original genau nachempfunden.

Nachdem die Karosserie soweit vorgebaut war (Baukastenzustand), wurden die Modelle mit den diversen Messingteilen ausgestattet und die Achsen und Reifen angebracht. Zunächst standen uns die neuen Reifen nur als Vollgummireifen zur Verfügung. Ein Schwimmen mit diesen Reifen war zwar theoretisch möglich, aber der FUCHS liegt dabei schon gefährlich tief im Wasser. Daher mussten extra entwickelte Hohlkammerreifen verwendet werden. Ich möchte mich an dieser Stelle bei Herrn Barnhausen bedanken, der nach vielen Tests diese Hohlkammerreifen perfekt herstellt.

Jetzt konnten die ersten drei Modelle lackiert werden. Alle drei EVO II-FÜCHSE hatten auf der Leipziger Modellbaumesse ihr Debüt und bewiesen im dreitägigen Dauereinsatz ihre Standfestigkeit. Das Modell verfügt mit einem Motor der Klasse 540 über eine kräftige Antriebslösung. Das bereits angeflanschte Vorsatzgetriebe mit anschließender Zahnriemenuntersetzung von 2:1 versorgt die drei angetriebenen Achsen mit ausreichendem Drehmoment. Die PANTHER-Achsen haben eine nochmalige Untersetzung von 2,9:1, was zu einer Gesamtuntersetzung von ca. 64:1 führt. Damit erreicht der FUCHS eine Geschwindigkeit von ca. 1,9 km/h, was beim Vorbild etwa 30 bis 35 km/h entspricht. Diese eher niedrige Geschwindigkeit ist mit Absicht gewählt, da der FUCHS ja hauptsächlich im Gelände bewegt wird. Die Fahrspannung beträgt 7,2 Volt, kann bei Bedarf aber auch auf 12 Volt erhöht werden, ohne dem Motor zu schaden. Die Auslegung auf 7,2 Volt geschah auf Grund der Tatsache, dass die im Handel erhältlichen Standardakkupacks zum Einsatz kommen sollten. Die Achsen sind zu 80 % so aufzubauen, wie in der robbe-Beschreibung vorgesehen. Die Kardanachsen sind ebenfalls modifizierte robbe-Kardane und runden damit den Antriebsstrang ab. Als Federn gelangen wie beim Original pro Achse zwei Schraubenfedern aus Edelstahl zum Einsatz. Diese sind über den Schubbereich der Federteller an Achse und Karosserie quasi einstellbar. Die nebenstehenden Dämpfer sind Attrappen, die den Federweg der Achsen begrenzen. In Zukunft sollen die Dämpfer auch als funktionsfähige, mit Dämpferöl befüllte Stoßdämpfer entstehen. Damit verbunden ist auch eine neue Scale-Achse geplant, die zur zusätzlichen Bodenfreiheit des Differentialkorbs sorgen soll.

Gelenkt wird das Modell über ein Stevenrohr von innen heraus mit einem liegenden 5-kg-Kraftservo. Das Schwallbrett wird mit einem 3-kg-Standardservo an- und abgehoben.

Dem Bausatz liegt ein kompletter Beleuchtungssatz bei. Dieser besteht für den vorderen Bereich aus kleinen 6-Volt-Glühlampen und im hinteren Bereich aus LEDs in quadratischer und runder Form. Um einerseits die Schwimmfähigkeit sicher zu stellen, andererseits ein problemloses Wechseln defekter Glühlampen sicher zu stellen, wurden im Frontbereich Kabelschläuche eingebaut.

Der Baukasten wird im Bereich der Karosserie fertig vorgebaut, gespachtelt und geschliffen ausgeliefert. Das Schwallbrett ist mit der Mechanik ebenfalls fertig aufgebaut und auf Funktionstüchtigkeit geprüft. Aus Platzgründen ist im Karosseriekarton auch die Motorgetriebeeinheit integriert sowie einige Kleinteile. Die Achsen nebst Aufhängungsteilen und Reifen mit Felgen sind einzeln verpackt, ebenso die vielen teilweise recht kleinen Metall- und Resinteile. Eine beiliegende 24-seitige Beschreibung sowie ein Dekorbogen für vier mögliche Varianten und eine Auslieferungsliste runden den Baukasteninhalt ab.“

1.12 Steuerkomponenten für den Bau von Panzermodellen

Panzermodelle in den Maßstäben 1:10 bis 1:5, so wie die in diesem Buch beschriebenen High-Tech-Modelle sind nicht eben mal schnell zusammen zu bauen. Bauzeiten von mehreren Hundert und sogar Tausend Stunden

STEUERKOMPONENTEN FÜR DEN PANZERMODELLBAU

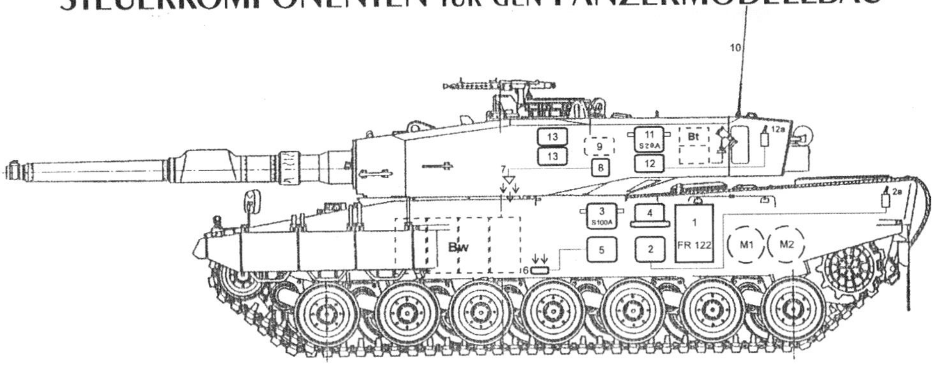

1 Fahrtregler für 2 Gleichstrommotoren
2 Vorschaltgerät zu 1, 3 u. 5
2a Hauptschalter Wanne (leistungslos)
3 Hauptstromschalter Wanne
4 Verteilerfeld
5 Infrarotempfänger
6 Infrarotempfangsdiode

M1 Antriebsmotor 1 Bw Batteriesatz Wanne
M2 Antriebsmotor 2 Bt Batteriesatz Turm

7 Infrarotsendediode
8 Infrarotsender
9 Fernsteuerempfänger
10 Empfangsantenne für Fernsteuerempfänger
11 Hauptstromschalter Turm
12 Vorschaltgerät zu 8, 9 u. 11
12a Hauptschalter Turm (leistungslos)
13 Fahrtregler für Hilfsantriebe Turmdrehen, Kanonenelevation etc.

Bild 1.12.1 Übersicht der Steuerkomponenten bei einem LEOPARD-Modell

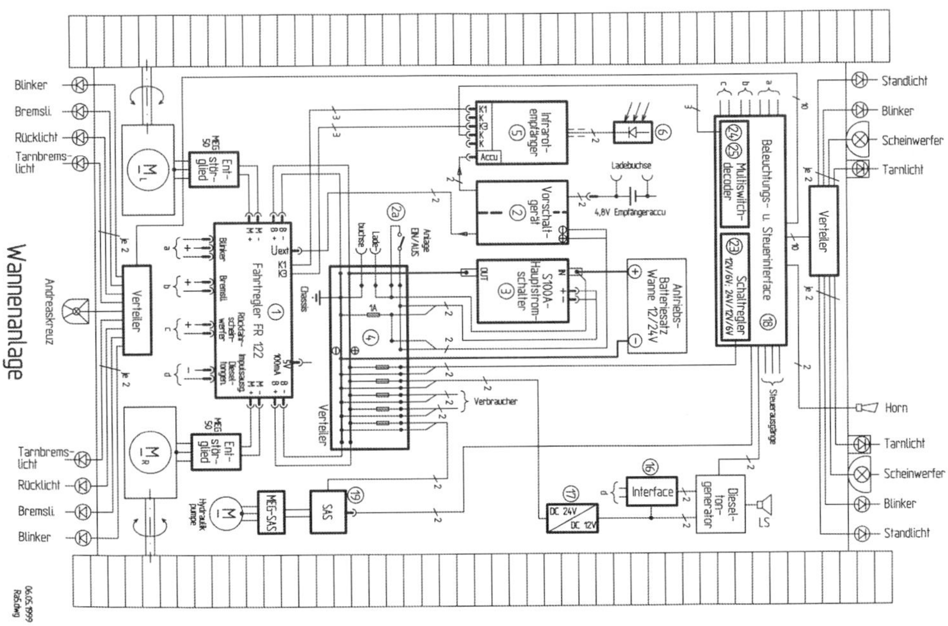

Bild 1.12.2 Steuerkomponenten in der Wanne, Übersicht

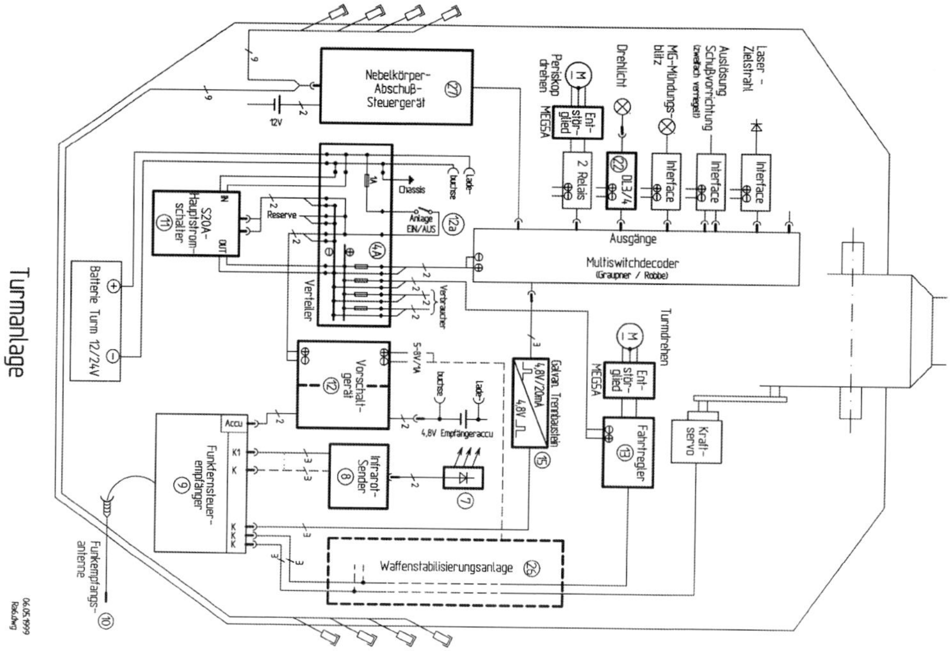

Bild 1.12.3 Steuerkomponenten im Turm, Übersicht

sind keine Seltenheit. Und nicht jeder Modellbauer, der sich mit Metallbearbeitung, Antrieben usw. auskennt, ist dann auch noch der geborene Elektroniker. Oft reicht es nämlich nicht, in ein Panzermodell gängige, sprich im Modellbauhandel käufliche Elektronikkomponenten einzubauen, da ganz speziell abgestimmte Drehzahlsteller etc. benötigt werden. Gleiches gilt für die Ansteuerungen von Schwenkantrieben, Geräuschmodule usw.

Der Ingenieur **Josef Rammerstorfer, Leitenstr. 49, A-8054 Graz**, selbst ein erfahrener Panzermodellbauer, hat sich seit Jahren mit der Entwicklung von einzelnen Komponenten für den Panzermodellbau beschäftigt und mittlerweile eine Firma gegründet. Mit den von ihm entwickelten Steuerkomponenten lassen sich ähnlich einem Baukastensystem Panzermodelle nach und nach ausrüsten und ausbauen, bis der gewünschte Stand an Technik erreicht ist. Die lieferbaren Steuerkomponenten sollen nachfolgend beschrieben werden.

Aus Gründen der Störfestigkeit und Sicherheit der gesamten Modellsteuerung wurde bei der Entwicklung der Steuerkomponenten besonders auf die galvanische Trennung des Funkfernsteuer- und Infrarotempfängers von allen Verbraucherstromkreisen großer Wert gelegt (Inselbetrieb der Empfänger jeweils mit eigenem Empfängerakku). Evtl. Fremdfabrikate (Drehzahlsteller, Multiswitchdecoder, Tongeneratoren etc.) dürfen daher auch nur galvanisch getrennt an die Empfänger angeschaltet und betrieben werden, alle Elektromotoren müssen entsprechend entstört werden! Die Nummern der einzelnen Komponenten 1 bis 33 sind in der Übersichtszeichnung „Steuerkomponenten für den Panzermodellbau“ und in dem Wannen- und Turmplan identisch.

1. Drehzahlsteller für zwei Gleichstrommotoren (Kettenfahrzeugregler) FR 122-x

Dabei handelt es sich um einen vollelektronischen Mikroprozessor-Drehzahlsteller mit 2 MOSFET-Leistungsstufen in H-Brückenschaltung für je einen Gleichstrommotor je Antriebsseite. Die Auswertung erfolgt aus zwei

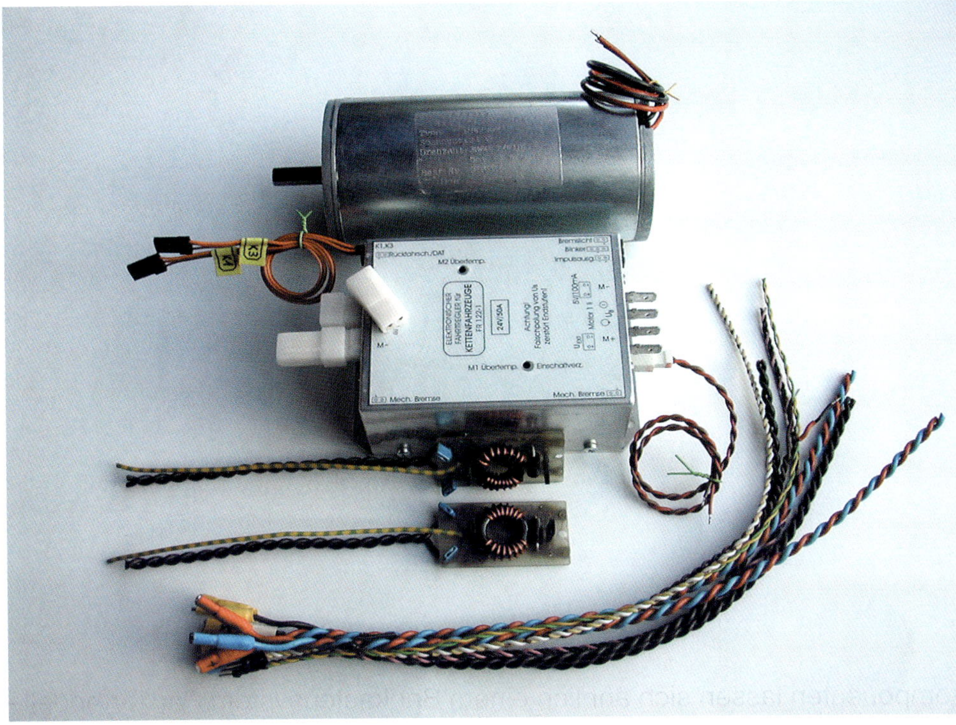

Bild 1.12.4 Kettenfahrzeugregler FR 122-1 für 24 V/50 A. Darüber VDO-Motor mit 94 W Nennleistung, geeignet für Modelle im Maßstab 1: 7 und 1:8

Fernsteuerkanälen, sprich einem Kreuzknüppel am Sender zur Steuerung sämtlicher Fahrbewegungen von Kettenfahrzeugen einschließlich „Drehen auf der Hochachse“. Somit ergibt sich eine bequeme Einhandbedienung für beide Motoren. Die Fahrgeschwindiglkeit lässt sich stufenlos vor- und rück-

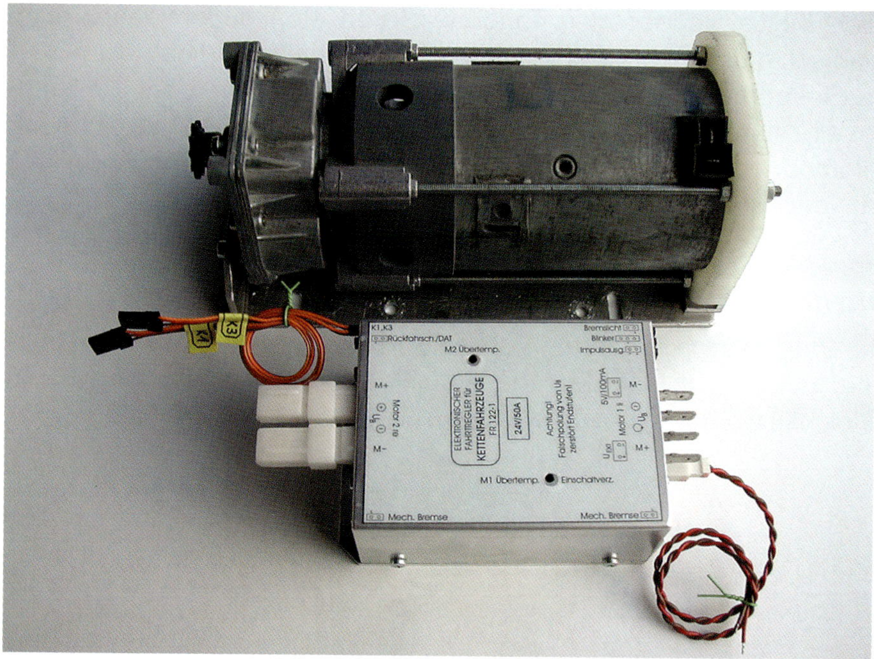

Bild 1.12.5 Kettenfahrzeugregler mit Kfz-Lüftermotor, geeignet zum Antrieb von Panzermodellen im Maßstab 1:7 und 1:8

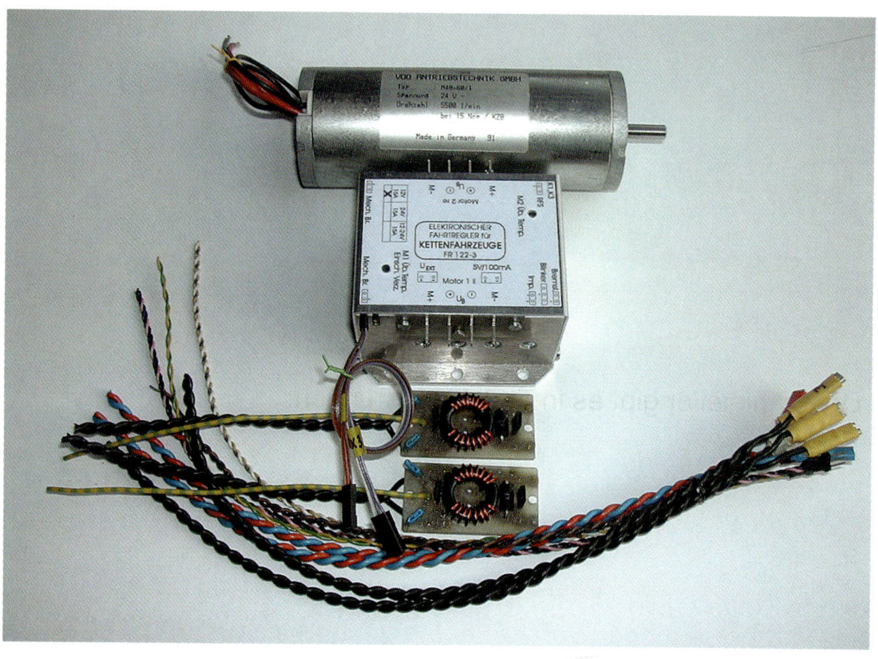

Bild 1.12.6 Kettenfahrzeugregler FR 122-3, 12 V/15 A für Modelle im Maßstab 1:10, darüber VDO-Motor, ebenfalls geeignet für den M 1:10

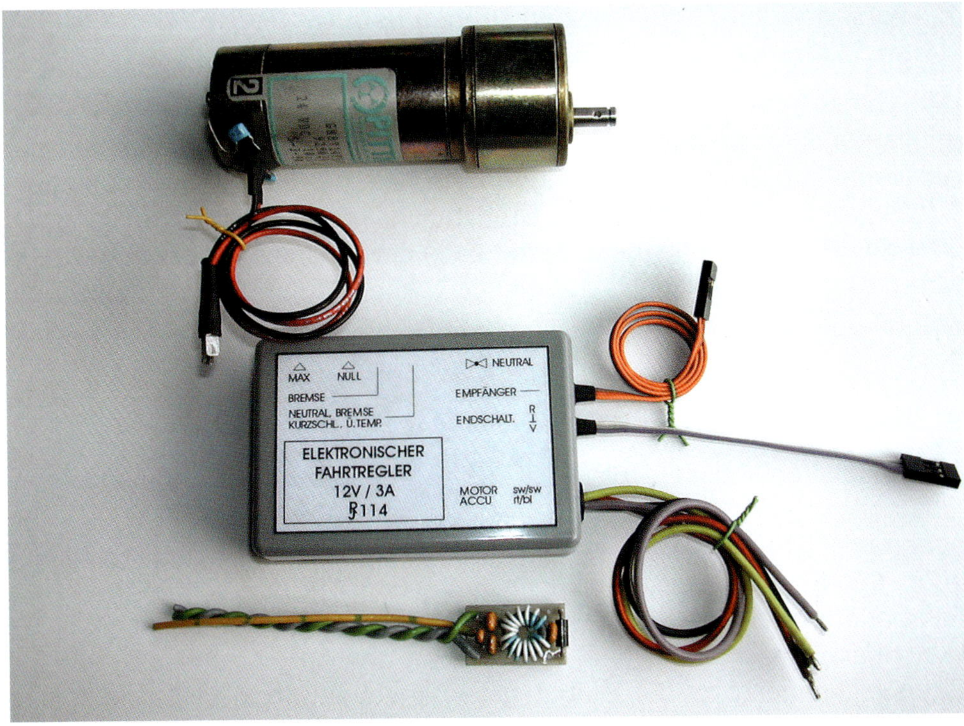

Bild 1.12.7 Drehzahlsteller 12 V/3 A oder 24 V/4 A für Hilfsantriebe, z.B. Turmdrehen, Winden etc. mit Motorentstörglied MEG5A und Getriebemotor

wärts mit EMK-Bremsbereich steuern, Kurvenfahrt mit und ohne Differentialverhalten, EMK-Lenkbremse und wählbare Motoransteuerimpulszeiten sind weitere Vorteile des Geräts. Natürlich sind Sicherheitseinrichtungen wie Überstrom-, Kurzschluss-, Temperatur- und Batteriespannungsüberwachung vorhanden, ebenso zusätzliche Ausgänge für Blinker, Bremslichter, Rückfahrscheinwerfer und ein Impulsausgang für die fahrgeschwindigkeitsabhängige Ansteuerung eines Dieseltongenerators.

Diesen Drehzahlsteller gibt es in drei Ausführungen:

FR 122-1 für 2 x nur 24 V/50 A	Abmessungen: 98 (114) x 73 x 47 mm
FR 122-2 für 2 x 12/24 V/25 A	Abmessungen: 98 (114) x 73 x 47 mm
FR 122-3 für 2 x 12/24 V/15 A	Abmessungen: 57 (73) x 73 x 47 oder 132 (151) x 73 x 27 mm

2. Vorschaltgerät VSG1-W zum Drehzahlsteller 1 oder 14 und Infrarotempfänger 5

Das Vorschaltgerät dient einerseits zur Spannungsversorgung des Steuerteils des Drehzahlstellers 1 (oder 14) durch ein Schaltnetzteil und andererseits zur zeitlich folgerichtigen Einschaltung des Infrarotempfängers 5 (galvanisch getrennt) und des Drehzahlstellers 1 (oder 14), leistungslos über den Hauptein- und -ausschalter 2a in der Wanne. Mit dem Schalter 2a wird die gesamte Anlage in der Wanne u.a. über den Hauptstromschalter Wanne HSW ein- und ausgeschaltet.

Abmessungen des Vorschaltgeräts: 72 x 50 x 26 mm.

3. Hauptstromschalter Wanne HSW-x

Der Hauptstromschalter HSW-x dient als elektronischer Ein- und Ausschalter für alle von der Fahrbatterie gespeisten Verbraucher in der Wanne (ausgenommen IR-Empfänger), er hat einen Leistungsbereich von 0-24 V/40/60 oder 100 A. Sein Steuerspannungseingang benötigt 12 V oder 24 V aus der Fahrbatterie und wird ebenfalls über den Hauptein- und -ausschalter 2a leistungslos geschaltet. Der HSW-x erspart das An- und Abschließen der Batterieklemmen bzw. den Einbau großer mechanischer Hauptschalter.

Abmessungen: Gehäuse 72 x 50 x 26 mm, Gesamtlänge über den Stromschienen 120 mm.

4. und 4A Verteilerfelder VFW (Wanne) und VFT (Turm)

Verteilerfelder dienen zum Steckanschluss der Verbraucher in der Wanne bzw. im Turm. Sie sind mit Sicherungen, Ladebuchsen- und Chassismasseanschlüssen versehen.

Abmessungen Wanne: 60 x 50 mm; Turm: 50 x 38 mm.

5., 6., 7. und 8. Infrarotübertragung IRS-x und IRF-x

Die Infrarotübertragung erspart den Einbau eines weiteren Funkfernsteuerempfängers und einer nicht vorbildgetreuen Antenne in der Wanne bei Panzermodellen mit Drehturm ohne galvanische Verbindung. Der Funkfernsteuerempfänger (9) ist im Turm eingebaut und erhält sein Empfangssignal von der vorbildgetreuen Turmempfangsantenne. Über den Infrarotsender 8 (mit Sendediode 7) werden die in der Wanne benötigten Servokanäle des Fernsteuerempfängers (Kanäle 1 bis 8) in die Wanne bei jeder beliebigen Turmstellung drahtlos übertragen und am Infrarotempfänger 5 (mit Empfangsdiode 6) gleichwertig ausgegeben.

Abmessungen Sender: 40(51) x 20 x 41 mm (Servogehäuse)

Abmessungen Empfänger: 72 x 50 x 19 mm oder 40(51) x 20 x 41 mm (Servogehäuse).

9. Herkömmlicher Fernsteuerempfänger mit Positivimpuls

10. Turmantenne als Funkfernsteuerempfangsantenne

11. Hauptstromschalter Turm HST

Der Hauptstromschalter HST dient als elektronischer Ein- und Ausschalter für alle von der Turmbatterie gespeisten Verbraucher im Turm (ausgenommen Funkfernsteuerempfänger) und hat einen Leistungsbereich von 8-24 V /20 A. Sein Spannungseingang benötigt 8-24 V aus der Turmbatterie und wird über den Hauptein- und -ausschalter 12a leistungslos geschaltet. Der HST erspart das An- und Abschließen der Batterieklemmen bzw. den Einbau eines großen mechanischen Hauptschalters.

Abmessungen: 40(51) x 25 x 41 mm (Servogehäuse).

12. Vorschaltgerät im Turm VSG1-T

Bei diesem Vorschaltgerät handelt es sich um den gleichen Aufbau und die gleiche Funktion wie bei dem unter 2 beschriebenen Vorschaltgerät. Hier wird es für die galvanisch getrennte, zeitfolgerichtige Einschaltung des Funkfernsteuerempfängers und des Hauptstromschalters HST im Turm eingesetzt. Das Schaltnetzteil (6-8 V/1 A) kann für beliebige andere Versorgungen (außer dem galvanisch getrennt versorgten Funkfernsteuerempfänger), beispielsweise für die Waffenstabilisierungsanlage oder Turmdrehlicht herangezogen werden. Die Ein- und Ausschaltung der gesamten Turmanlage erfolgt über den ebenfalls leistungslos schaltenden Schalter 12a.

Abmessungen: 72 x 50 x 26 mm.

13. Drehzahlsteller für die Hilfsantriebe FRHI-x

Dieser Drehzahlsteller dient zur Drehrichtungsänderung und stufenlosen Drehzahlsteuerung kleiner Gleichstrommotoren im Leistungsbereich 12 V/3 A oder 24 V/4 A für die erforderlichen Hilfsantriebe wie z.B. Turmdrehen bzw. Kanonenelevation (wobei für Letzteres besser ein Kraftservo eingesetzt wird). Der Steller besitzt wahlweise Endschaltereingänge, welche z.B. die Drehbegrenzung des Kranarmes beim Berge-LEOPARD etc. gestatten.

Abmessungen: 72 x 50 x 21 mm.

14. Einmotoren-Drehzahlsteller FR1VBR-x

Der Einmotoren-Drehzahlsteller ist für die Steuerung von Radfahrzeugen wie Schwerlasttransportern, Radpanzern oder sonstigen Modellen mit einem Antriebsmotor vorgesehen. Fahrtrichtung, Geschwindigkeit, EMK-Bremse und mechanische Bremse können neben Bremslicht und Rückfahrscheinwerfer gesteuert werden.

Den Drehzahlsteller gibt es für die Leistungsbereiche:

FR1VBR-1	**nur 24 V/50 A**
FR1VBR-2	**12/24 V/25 A**
FR1VBR-3	**12/24 V/15 A**

15. Galvanische Trennbausteine GTB-x

Die Trennbausteine dienen der unbedingt notwendigen galvanischen Trennung entweder der 4,8-V-Versorgung des Funkfernsteuerempfängers vom Stromkreis der Turmbatterie und/oder der 4,8-V-Versorgung des Infrarotempfängers von der Fahrbatterie in der Wanne. Die Ausführung 4,8 V/20 mA max. ohne externe Spannungszuführung ist für vorhandene Multiswitchdecoder (Graupner 4159 oder robbe/Futaba F1513) bzw. für den Multipropdecoder robbe/Futaba F1516 oder für sonstige Steuereinrichtungen mit CMOS-Eingang (max. 20 mA Stromverbrauch der Eingangsschaltung) vorgesehen.

16. Interface für Dieselgenerator IDG

Das Interface wandelt die vom Drehzahlsteller FR 122 kommenden Impulse für eine fahrgeschwindigkeitsabhängige Ansteuerung eines Dieselgenerators um.

17. Wandler für Dieseltongenerator

In Modellen mit 24-V-Fahrbatterie und Anwendung des Hauptstromschalters HSW (3) in der Wanne ist kein 12-V-Abgriff für die Versorgung eines Dieseltongenerators herstellbar. Der Wandler stellt mittels Schaltnetzteil eine stabilisierte Spannung von 12 V für einen Dieseltongenerator aus der 24-V-Fahrbatterie zur Verfügung (er ist bei einer 12-V-Fahrbatterie nicht notwendig).

18. Beleuchtungs- und Steuerinterface BSI

Das Interface verarbeitet u.a. die Beleuchtungsausgänge des Drehzahlstellers FR 122 mit den Steuersignalen eines Multiswitchdecoders und steuert in Abhängigkeit der Erfordernisse „Normale Beleuchtung“ oder „Tarnlicht“ sämtliche Leuchten eines Panzermodells (nur in der Wanne) oder eines Sonderfahrzeugs.

Bild 1.12.8 Beleuchtungs- und Steuerinterface BSI (ohne Gehäuse) zerlegt.
Links oben: Drehlichtsteuerschaltung, Schaltregler,
links darunter: Graupner 16k-Dekoder.
Rechts: Verteilerplatinen für Wannenvorder- und -rückseite

Bild 1.12.9 BSI zusammengesteckt mit Verteilern

Über die verbleibenden Ausgänge des Multiswitchdecoders lassen sich auf der Platine befindliche Leistungsstufen anderer Verbraucher schalten bzw. steuern. Das Beleuchtungs- und Steuerinterface ist kundenseitig vollkommen frei über Kabelsteckbrücken den Steuererfordernissen anpassbar. Ansteckbar auf das Beleuchtungs- und Steuerinterface sind:

robbe/Futaba- oder Graupner-Multiswitchdecoder 24 oder 25, ein bis zwei Drehlichtsteuerungen 22 und – falls erforderlich – ein Schaltnetzteil 23. Selbstverständlich sind auch alle vorhandenen externen Multiswitchdeco-

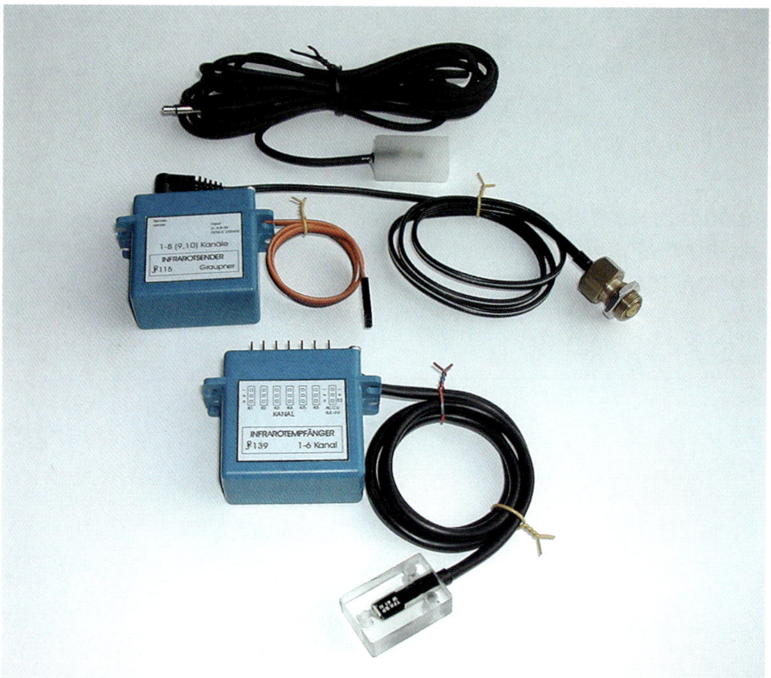

Bild 1.12.10 Servokanal-Infrarotübertragung.
Oben: *Prüfkabel IRS-P zur Verbindungsherstellung bei abgenommenem Turm.* ***Mitte:*** *Infrarotsender für Graupner IRS-G für bis zu 8 Kanäle mit IR-Sendediode im Messinggehäuse.*
Unten: *Infrarotempfänger IRE6KSG für 6 Kanäle mit IR-Empfangsdiode*

der robbe/Futaba F 1513, Graupner 4159 und MULTInaut top-Schaltbaustein von Multiplex über eigene Eingangsstufen anschließbar.

Abmessungen: 100 x 80; Höhe je nach aufgesteckten Platinen zwischen ca. 25 und 40 mm.

19. Sanftanlaufschalter SAS-x

Der Sanftanlaufschalter schaltet in erster Linie Gleichstrommotoren mit einer Drehrichtung mit kleiner Steuerleistung (ähnlich HSW und HST) ein und aus und steht in den Leistungsklassen 8-24 V/10, 15 und 25 A zur Verfügung. Zur Vermeidung von Einschaltstromstößen bei Hydraulikpumpen und zur Schonung von Motor und Mechanik ist ein Sanftanlauf mit einstellbarer Zeit integriert.

Abmessungen: 40 (51) x 25 x 41 mm (Servogehäuse, Breite je nach Kühlkörper auch größer).

20. Interface für elektrohydraulische mechanische Bremse

Mit diesem Interface wird eine mechanische, elektrohydraulisch betätigte Bremse aus dem Steuerausgang des Einmotoren-Drehzahlstellers 14 oder den Steuerausgängen des Kettenfahrzeugreglers FR 122 je Antriebsseite gesteuert.

Bild 1.12.11 Soundmodul 3001 mit Dieselsound LEOPARD 2, Anlass- und Abstellgeräusch, Zusatzphase „Fahrer Motor an“, Standdrehzahl und Gasgeben im Fahrzeugstillstand, fahrgeschwindigkeitsabhängige Drehzahl und Lautstärke des Diesels, MG- und Kanonenschussauslösung über 2. Eingang

21. Servokanalumschalter SKU-x

Mit diesem Servokanalumschalter mit 2 oder 4 Positivimpulseingängen und 4 (2A, 2B) oder 8 (4A, 4B) Ausgängen können Sonderfunktionen über einen Multiswitchkanal umgeschaltet bzw. erweitert werden (z.B. Umschaltung von Fahrbetrieb auf Kranbedienung im Bergepanzer oder sonstige Funktionsumschaltung innerhalb eines Modells).

Die Umschaltung von Ausgang A nach Ausgang B erfolgt durch eine externe, galvanisch getrennte Steuerspannung von 5 bis 28 Volt vom Multiswitch-Schaltkanal.

Abmessungen: 40(51) x 20 x 41 mm (Servogehäuse).

22. Drehlichtsteuerschaltung für 3- oder 4-Glühlampen-Drehlicht DL-x

Die Drehlichtschaltung steuert ein Rundumlicht (orange oder blau, je nach Kalotte) wahlweise für 3 oder 4 Glühlampen mit sich überschneidender Ansteuerung der Lämpchen, welche einen weichen und echten Dreheffekt erzeugt. Drehgeschwindigkeit und Überschneidung sind einstellbar. Lampenspannung von 4-24 V/max. 150 mA je Lampe, Steuerspannung 4-15 V. Zwei Platinen ohne Gehäuse sind auf der Beleuchtungsplatine aufsteckbar oder sonst einzelner Einbau in ein Servogehäuse.

Abmessungen: 40 (51) x 20 x 41 mm (Servogehäuse).

23. Schaltregler SR-x

In Modellen mit 24-V- oder 12-V-Fahrbatterie und Einsatz des Hauptstromschalters HSW (3) in der Wanne ist kein 12-V- (oder 6-V-) Abgriff für die Versorgung der Beleuchtungseinrichtungen oder sonstiger Verbraucher (außer Motoren) herstellbar. Das Schaltnetzteil stellt stabilisiert 5 bis 15 V (je nach Eingangsspannung) mit max. 1 A für Beleuchtungs- und Steuerzwecke zur Verfügung. Die Platine ohne Gehäuse ist auf der Beleuchtungsplatine aufsteckbar oder Einbau in ein Servogehäuse.

Abmessungen: 40 (51) x 20 x 41 (Servogehäuse).

24. robbe-Multiswitch-Decoder (F1513) für Beleuchtungsplatine MSD-F8k

Mit diesem Decoder ohne Leistungsteil werden die vom Sender (nur PPM, kein PCM) übertragenen Schaltsignale der sechs Schalter decodiert und über die Leistungsstufen auf der Beleuchtungsplatine 18 bis zu acht Verbraucher geschaltet. Der Decoder ist mittels Optokoppler galvanisch vom Empfänger getrennt und nur auf die Beleuchtungsplatine aufsteckbar.

Abmessungen: 47 x 36 mm

25. Graupner-Multiswitchdecoder (4159) für Beleuchtungsplatine MSD-G

Mit diesem Decoder ohne Leistungsteil werden die vom Sender übertragenen Schaltsignale der acht Schalter decodiert und die Leistungsstufen auf der Beleuchtungsplatine 18 bis zu sechzehn Verbraucher geschaltet. Der Decoder ist mittels Optokoppler galvanisch vom Empfänger getrennt und nur auf die Beleuchtungsplatine aufsteckbar.

Abmessungen: 47 x 36 mm.

26. Waffenstabilisierungsanlage

Nach Bau eines eigenen Modells ist die Entwicklung einer Waffenstabilisierungsanlage mit zwei elektronischen Kreiselsystemen (keine mechanisch bewegten Teile) zur exakten Stabilisierung des Turms und der Kanone bei jeder Bewegung des Fahrgestells im Gelände ohne die sonst übliche bzw. notwendige Handnachführung über die Fernsteuerung vorgesehen.

27. Nebelkörper-Abschuss-Steuergerät NAS-x

Das prozessorgesteuerte Gerät steuert kontrolliert den Abschuss pyrotechnisch hergestellter, mit einem feinen verzinkten Stahldraht zur Zündung versehener Nebelkörper oder Raketentreibsätze in Modellen. Es ist auf die Anzahl der vorhandenen Nebelkörper oder Treibsätze im jeweiligen Fahrzeug von zwei bis sechzehn programmierbar. Über mittels Optokoppler getrennte Steuereingänge kann entweder Einzelauslösung oder im Sekundenabstand Dauerauslösung gegeben werden. Nach dem Wiedereinschalten liest der Prozessor selbsttätig die noch scharfen Nebelkörper oder Treibsätze ein und steuert bei Auslösung den nächsten scharfen an. Das Gerät benötigt 12 V/16 A (vorzugsweise aus einem eigenen Akku.)

Abmessungen: 100 x 50 x 25 mm ohne Anschlussstecker.

28. Servokanal-Verteilverstärker SVV

Hauptsächlich für robbe/Futaba-Funkfernsteuerempfänger ist für den Anschluss von zwei oder mehr Verbrauchern (z.B. Multiswitchdecoder oder Servo und IR-Sender) am selben Kabel ein Verteilverstärker für den getrennten Anschluss jedes Verbrauchers notwendig.

Abmessungen: ca. 35 x 20 mm.

29. Pulsbreitensteller PBS-x

Der Pulsbreitensteller dient zur stufenlosen Einstellung der Drehzahl im Bereich von ca. 20 bis 100% von Gleichstrommotoren mit einer Drehrichtung, z.B. für Hydraulikpumpen. Mit kleiner Steuerleistung (ähnlich HSW,

HST, SAS) wird der Motor ferngesteuert ein- und ausgeschaltet. Er steht in den Leistungsklassen 12-28 V/5, 10 oder 15 A zur Verfügung. Zur Vermeidung von Einschaltstromstößen bei Hydraulikpumpen und zur Schonung von Motor und Mechanik ist ein Sanftanlauf integriert.

Abmessungen: 40 (51) x 25 x 41 mm (Servogehäuse, Breite je nach Kühlkörper auch größer).

30. Modellsteuerumschalter MSU-x

Der Modellsteuerumschalter MSU wird für die Umschaltung zur abwechselnden Steuerung von zwei Modellen (hauptsächlich Panzer und SLT oder auch Panzer und Bergepanzer usw.) mit einem Sender sowie ohne Ausschaltung jenes Modells, welches gerade nicht gesteuert werden soll, eingesetzt. Der Umschaltbefehl wird den Endstellungen eines freien Servokanals des Senders entnommen (z.B. Schiebepoti oder Schalter mit 2 (3) Schaltstellungen). Der MSU wird in 4- und 8-kanaliger Ausführung angeboten und kann für den Drehzahlsteller FR 122 die Neutralimpulse zur Vermeidung von Kanalausfallstörungsanzeigen (siehe Beschreibung FR 122) nachbilden. Der MSU benötigt keine eigene Stromversorgung.

Abmessungen: 72 x 50 x 19 mm.

31. MG-Sound/MG-Flash MGS/F

Die MG-Sound- und MG-Flash-Schaltung erzeugt ein MG-Geräusch zum Anschluss an einen Lautsprecher ab 4 Ohm und synchron dazu einen in seiner Impulslänge einstellbaren MG-Blitz zum Anschluss von wahlweise einer weißen LED oder eines Glühlämpchens als MG-Mündungsblitz. Die Schaltung arbeitet im Bereich von 6 bis 12 V und ist mit einer galvanisch getrennten Steuerspannung von 5 bis 28 V z.B. aus dem Multiswitchdecoder ferngesteuert ein- und ausschaltbar. Autark einbaubar im Kampfpanzer, Bergepanzer oder jedem anderen Fahrzeug mit MG ab Maßstab 1:16.

Abmessungen: 40 (51) x 25 x 41 mm (Servogehäuse).

32. 2k-Memoryschalter 2KMS

Der 2k-Memoryschalter wertet einen Servokanal aus und bietet folgende Funktionen:

- Tastfunktion
- Schaltfunktion
- Tast- und/oder Schaltfunktion je nach Ansteuermodus
- Tastfunktion mit durch den Betreiber programmierbarer Tastzeit für zeitdefinierte Ansteuerung z.B. der Kanonen-Abfeuerungseinrichtung (von Peter Müller) u.a.

Der 2KMS hat einen galvanisch getrennten Servoeingang und kann an seinen beiden Ausgängen A und B Lasten (auch Motoren) von 6 bis 24 V/ 3 A direkt schalten.

Abmessungen: 40(51) x 25 x 41 mm (Servogehäuse).

33. Kleine Beleuchtungsplatine BEL

Die kleine Beleuchtungsplatine ist für die Ausgänge „Blinker“ und „Bremslicht“ des Drehzahlstellers FR 122 vorgesehen und enthält bis zu vier Relais, welche die Funktionen

- Blinker AUS (für Gelände)
- Warnblinker
- Bremslicht AUS (für Gelände) und für einen Bergepanzer unabhängig vom FR 122 das
- Drehlicht ein/aus oder eine andere Funktion ein/ausschaltet.

Die Relais werden aus einem Multiswitchdecoder in einem Bereich von 6, 12 oder 24 V gesteuert (durch Steckbrücken auf die jeweilige Spannung programmierbar).

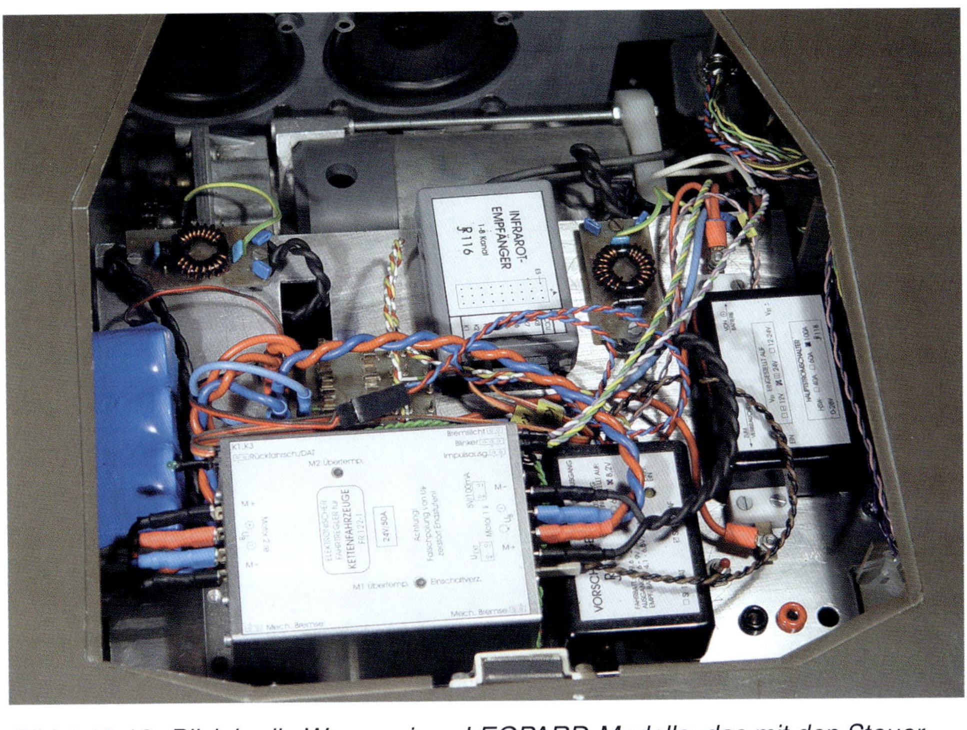

Bild 1.12.12 Blick in die Wanne eines LEOPARD-Modells, das mit den Steuerkomponenten von Herrn Rammerstorfer ausgerüstet ist.

Blink-LED und Bremslicht-LED über Vorwiderstand und ein Tarnlicht gespeist aus dem Multiswitchdecoder.

Viele Modellbauer haben die Steuerkomponenten von Herrn Rammerstorfer bereits in ihre Panzermodelle eingebaut und konnten sich von der Qualität überzeugen. Einer davon ist Herr **Gerhard Haberfellner, Ferihumerstr. 52, A-4040 Linz**. Er hat seinen Panzer LEOPARD 1A4 mit einigen elektronischen Komponenten ausgerüstet, wie die Fotos zeigen.

Herr Rammerstorfer beschäftigt sich nicht nur mit elektronischen sondern auch mit mechanischen Komponenten, wie dem Antrieb und den Ketten. Wie er mir schrieb, ist ihm aufgefallen, dass die meisten Modelle mit überdimensionierten Motoren ausgestattet sind, deren Leistung und damit die begrenzte Akkukapazität in teils „schrecklichen“ Getriebekonstruktionen vernichtet wird. Er ist gerade dabei, einen hocheffizienten mechanischen Antrieb für Panzermodelle zu entwickeln. Die Konstruktion für ein Vorgelegegetriebe für die Modelle LEOPARD 1 und 2 in den Maßstäben 1:7 und 1:8 zeigen die Fotos. Ausgehend von den Innereien eines 3-Gang-Fahrradgetriebes wird dieser Antrieb entstehen.

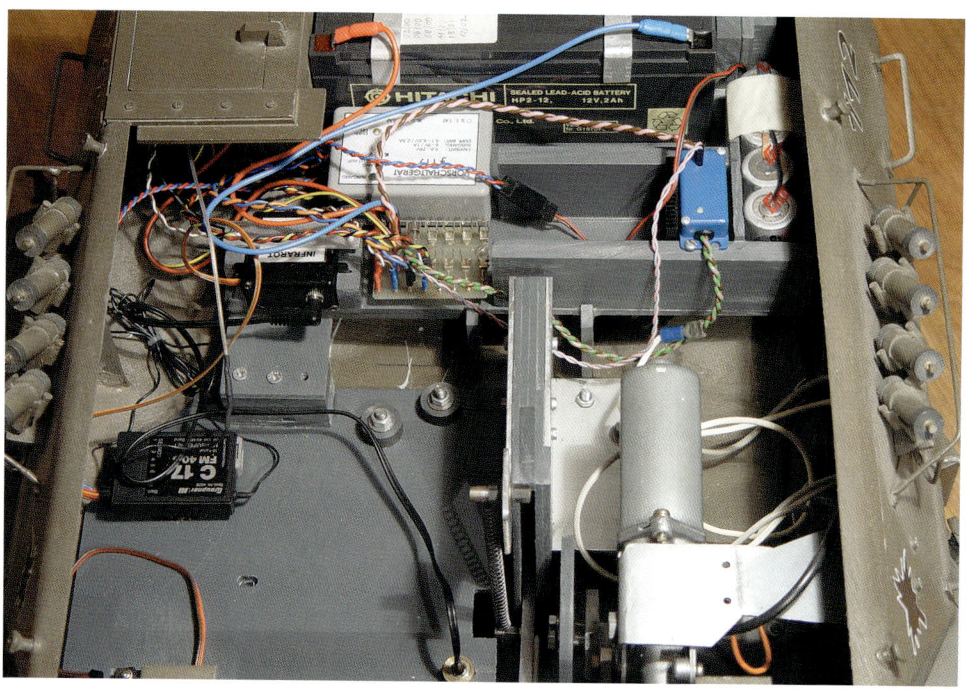

Bild 1.12.13 Anordnung einiger Steuerkomponenten im Turm desselben Modells. Dabei handelt es sich um das LEOPARD 1A4-Modell von Herrn Gerhard Haberfellner aus Linz

Zu beziehen sind die elektronischen Steuerkomponenten von Herrn Josef Rammerstorfer, Leitenstraße 49, A-8054 Graz, Tel. +43/ 316 28 37 80.

Bild 1.12.14 Planeten-Vorlegegetriebe mit Teilen aus einem Fahrradgetriebe. ***Oben:*** *VDO-Antriebsmotor M63x60l 24V,* ***darunter:*** *Motorzahnriemenrad,* ***rechts:*** *das Getriebezahnriemenrad mit HTD-Zahnriemen*

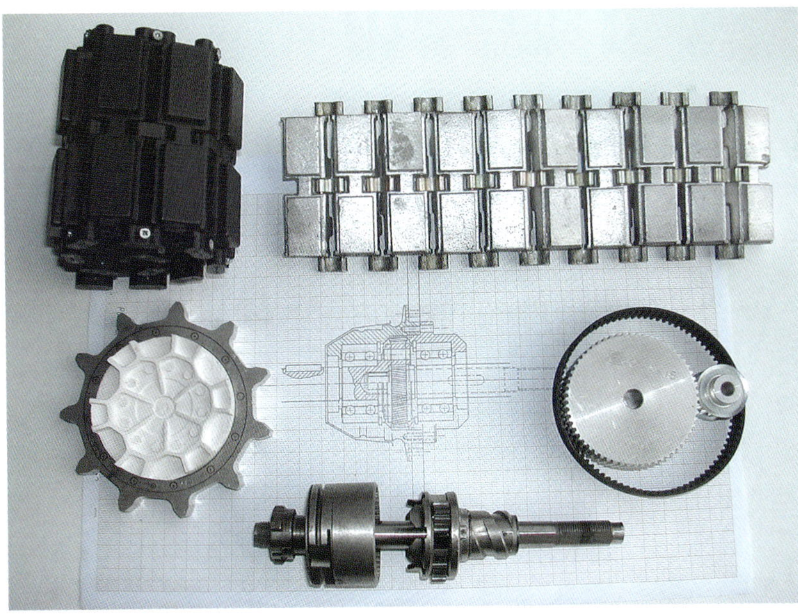

Bild 1.12.15 Gegossene Alukette für LEOPARD 2 im Maßstab 1:8 von Heinz Grabenstein. ***Links:*** *im Antriebskranz ein Kunststoffgussteil*

Bild 1.12.16 Glasfaserverstärkte Kunststoffkette, Laufrolle und Teile der Kettenglieder, bestehend aus Welle, Mittelstück, Endverbinder und austauschbarem Kettenpolster

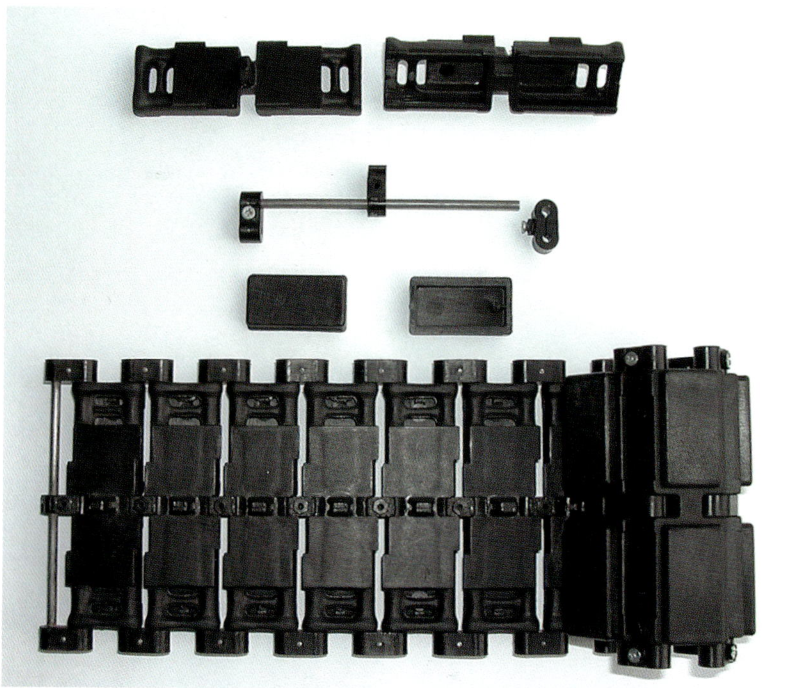

Bild 1.12.17 Kunststoffkette mit Einzelteilen

Bilder 1.12.18 und 1.12.19 Das LEOPARD 1A4-Modell von Herrn Gerhard Haberfellner, ausgerüstet mit den Steuerkomponenten von Herrn Rammerstorfer

1.13 Panzerschau im Miniaturformat

Panzermodelle zu bauen, ist das Eine, sie einem staunenden Publikum vorzuführen, das Andere. Zeigen die Panzermodellbauer ihre Panzermodelle auf Modellbauausstellungen, sind die Besucher begeistert und der Stand ist stets überfüllt. Zwar werden einige Panzermodelle auf diesen Ausstellungen auch vorgeführt, aber leider können die Besucher die High-Tech-Modelle nicht im richtigen Einsatz sehen, das bleibt den Besuchern vorbehalten, die an einem Tag der offenen Tür eine Bundeswehrkaserne besuchen, denn auf fast allen diesen öffentlichen Veranstaltungen sind die Panzermodellbauer vertreten und führen ihre Modelle vor. Dabei geht es oft sehr lautstark zu, denn die meisten der Panzermodelle sind mit funktionstüchtigen Kanonen ausgestattet. Geschossen wird mit Schreckschussmunition. In vielen Modellen sind elektronische Motor- und MG-Geräuschgeneratoren eingebaut, die für eine akustische Untermalung sorgen.

Bild 1.13.1 Einige der am „Gefecht" teilnehmenden Panzermodelle vor einem Original-LEOPARD 2-Kampfpanzer

Zum Abschluss eines solchen Tages der offenen Tür, wird dann meist ein „Panzergefecht" vorgeführt. Dafür verwenden die Modellbauer Rauchbomben und sonstige pyrotechnische Mittel. Auf dem für die Vorführung vorgesehenen „Schlachtfeld" werden an verschiedenen Stellen diese pyrotechnischen Rauch- und Knallkörper im Gelände verteilt eingegraben und

Bild 1.13.2 Zwei Modellpanzer greifen an

Bild 1.13.3 Der Beginn der „Panzerschlacht“. Überall explodieren pyrotechnische Kracher

Bilder 1.13.4 und 1.13.5 Der Kampf ist voll im Gange

mit Drähten verbunden, so dass sie später per Fernsteuerung gezündet werden können. Der „Sprengmeister“ hat dabei die anrollenden Panzermodelle im Visier und zündet die Knallkörper in dem Augenblick, wenn der eine oder andere Modellpanzer gerade einen Schuss aus seiner Kanone abgefeuert hat. Je genauer er das macht, desto besser ist die Wirkung beim Publikum. Besonders interessant wird das Kampfgeschehen, wenn die Panzermodelle von Panzerabwehr-Hubschraubermodellen angegriffen werden. Diese Modellhubschrauber greifen die Panzermodelle mit Raketen im Tiefflug an. Die Show ist perfekt! Diese „Panzergefechte“ wirken so echt, dass die Modellbauer schon mehrmals von Fernsehanstalten eingeladen wurden und in Sonderprogrammen zu sehen waren. Oft bekamen die Modellbauer auch von wehrtechnischen Firmen Einladungen, ihre Modelle vorzuführen.

Vor einiger Zeit fand auf dem Truppenübungsplatz Munster in der Lüneburger Heide eine Vorführung eines Modellpanzer-Manövers vor hohen Militärs und Vertretern der einschlägigen Firmen statt. Die Bundeswehroffiziere staunten, was die Miniaturpanzer im Maßstab 1:8 alles anstellen konnten. Dieses Panzermanöver rollte so vorbildgetreu ab, dass sich Vertreter der Firma Rheinmetall einige Jahre später an die Panzermodellbauer erinnerten und eine verwegene Idee hatten. Rheinmetall ist Produzent einiger Originalpanzer, die als Modell bei der Vorführung gezeigt worden waren. Als im Jahre 2001 eine Waffenschau, die „Defence Systems and Equipment International“, kurz DSEI 2001 genannt, auf dem „ExCel“-Messegelände in den Londoner „Docklands“ stattfinden sollte, überlegte man sich, ob man anstatt der Originalpanzer nicht lieber die vorbildgetreuen Modelle der Panzermodellbauer zeigen sollte. Das war zum einen wesentlich billiger und man hatte keinen Ärger mit den Ausfuhrgenehmigungen für die Originalfahrzeuge. Und so geschah es auch. Der Kontakt wurde hergestellt und die Panzermodellbauer und ihre Modelle wurden nach London geschafft.

Unmittelbar vor dem Start der DSEI 2001 war man sich bei Rheinmetall-„Defence“ nicht ganz sicher, ob man sich mit einer Modellschau gegenüber den zahlreichen anderen Ausstellern mit Original-Exponaten würde ausreichend positionieren können. Nach vier Tagen Ausstellung stand fest, dass die Schau „Heerestechnik im Miniaturformat“ ein großer Erfolg war, der nicht zuletzt den Modellbauern zu verdanken war. Sie hatten sich nämlich ein Szenario wie aus dem Lehrbuch einfallen lassen. Und so rollte die Vorführung ab:

Ein Spähpanzer LUCHS durchquert einen Flusslauf nahe einer zerstörten Brücke und erkundet die Umgebung. Vom Ufer aus übernehmen zwei Luftlandepanzer WIESEL die Sicherung. Nachdem der Spähpanzer LUCHS

Bild 1.13.6 Modellhubschrauber greifen in das Kampfgeschehen ein

Bild 1.13.7 Vorführung vor Militärangehörigen auf dem Truppenübungsplatz Munster

„alles klar“ signalisiert hat, kommt der Brückenleger BIBER zum Einsatz, gefolgt vom Bergepanzer BÜFFEL. Im Hintergrund sichert ein Kampfpanzer LEOPARD 2A6 den Brückenkopf. Der BIBER legt die Brücke ab und alle Fahrzeuge überqueren den Fluss und beziehen am anderen Ufer Stellung.

Mit dieser Show sollte das Zusammenwirken der von Rheinmetall gefertigten Systeme im Rahmen einer taktischen Gefechtsübung gezeigt werden. Gleichzeitig hat mit dieser Modellpräsentation der Rheinmetall-Unternehmensbereich „Defence“ einmal mehr und erfolgreich Neuland beschritten. Die Firmengruppe beherrscht das gesamte Spektrum an Waffensystemen für das Heer. Was dieser Anspruch in der Praxis bedeutet, sollte die Ausstellung „Heerestechnik im Miniaturformat“ anschaulich zeigen.

1.14 Panzermodelle aus Tamiya-Baukästen

Alle Panzermodellbauer kennen die Plastik-Baukästen der Firma Tamiya, aus denen vorbildgetreue Panzermodelle im Maßstab 1:35 gebaut werden können. Für viele der in diesem Buch gezeigten Modelle in den Maßstäben 1:10, 1:8 und 1:7 dienten solche Plastik-Baukästen gerade wegen ihrer Detailgetreue als Bauvorlage: Die Maße wurden abgenommen und auf den gewünschten Maßstab umgerechnet. Schließlich hat nicht jeder Modellbauer die Möglichkeit, die Maße von einem echten Panzer abzunehmen und so ist er gezwungen, Fotos und andere Vorlagen zu benutzen. Das gilt natürlich besonders auch für außergewöhnliche oder historische Fahrzeuge, die im Original oft gar nicht (mehr) zur Verfügung stehen. Die Tamiya-Baukästen sind in diesen Fällen eine große Hilfe.

Tamiya hat jedoch nicht nur Baukästen im Maßstab 1:35 im Programm, sondern auch eine ganze Reihe hochwertiger RC-Panzermodelle im Maßstab 1:16. Diese Baukästen enthalten das gesamte Material, den Motor, das Getriebe und alle weiteren Teile, die zum Bau erforderlich sind. Wird in diese Modelle eine Fernsteueranlage eingebaut, sind sie voll funktionsfähig.

Folgende Baukästen sind lieferbar:

1. Panzerkampfwagen TIGER
2. Panzerkampfwagen KÖNIGSTIGER
3. US Tank M 26 PERSHING
4. US Tank M4 SHERMAN

Bild 1.14.1 Allein der Verpackungskarton des LEOPARD 2A6 von Tamiya ist schon eine Augenweide

Bild 1.14.2 Der Inhalt des Baukastens

Die aufgeführten Modelle waren schon von so ausgezeichneter Qualität, dass man meinen konnte, eine weitere Qualitätssteigerung sei in diesem Maßstab nicht mehr möglich. Weit gefehlt, denn im Februar 2004 wurde von der Firma Tamiya auf der Nürnberger Spielwarenmesse ein High-Tech-Modell des modernsten deutschen Kampfpanzers LEOPARD 2A6 im Maßstab 1:16 vorgeführt, das alles Bisherige in den Schatten stellt. Das Modell ist voll funktionsfähig und führt alle Funktionen entsprechend dem Original aus. Für mich stand fest, dass dieses Modell unbedingt in diesem Buch behandelt und den Lesern vorgestellt werden musste.

Schon beim Auspacken des Verpackungskartons war mir klar, dass es sich hierbei um kein gewöhnliches Baukastenmodell handelt. Was da so nach und nach zum Vorschein kam war einmalig und lässt das Herz eines Modellbauers höher schlagen. Beim Betrachten der Einzelteile, der vielen Schrauben, Wellen, Kugellager und Zahnräder und nach dem Durchlesen der Bauanleitung stand für mich fest, dass sich dieses Modell nicht in wenigen Stunden aufbauen lässt. Fett, Schraubensicherungslack, Werkzeuge und eine sehr ausführliche, mit Zeichnungen versehene Bauanleitung liegen ebenfalls bei. Obwohl die Bauanleitung sehr übersichtlich und mit vielen Bildern versehen ist, werde ich auf Schwierigkeiten beim Zusammenbau hinweisen, um den Nachbau leichter zu machen. Für die Zeit nach dem Bau liegt noch eine Bedienungsanleitung bei, die dringend benötigt wird. Bleibt noch zu erwähnen, dass noch eine 4-Kanal-Fernsteueranlage und ein Fahrakku 7,2 V/3 Ah anzuschaffen sind. Ich habe die 4/6-Kanal-Anlage VG 600 von SANWA eingebaut.

So, und nun an die Arbeit. Die Kleinteile wie Schrauben, Kugellager, Wellen usw. legt man in kleine Kästchen, so dass man jederzeit Zugriff hat. Dann rate ich, dass genau nach der in der Bauanleitung angegebenen Reihenfolge der einzelnen Bauabschnitte vorgegangen wird. Man behält so am besten die Übersicht.

Begonnen wird mit dem Zusammenbau des Getriebes, Baustufen 1 bis 10. Bei Baustufe 3 ist darauf zu achten, dass die gleich aussehenden Zahnräder D (MG4) und C (MG3) verschiedene Verzahnungen haben. Das Zahnrad D hat weniger Zähne als das Zahnrad C! Das ist beim flüchtigen Betrachten nicht sofort zu erkennen, man muss schon genau hinsehen! Beim Einbau der beiden Stirnradgetriebe A und B (MG1) ist darauf zu achten, dass die beiden vorderen Lagerschalen G3 und G1 unterschiedlich lang sind. Vor dem Einbau der zusammengesetzten Getriebe in das Getriebegehäuse sind alle Zahnräder einzufetten. Nach dem Einbau der beiden Motoren sollte man einen Probelauf machen, um festzustellen, ob die Zahnräder leicht und ruhig laufen.

Bild 1.14.3 Zusammenbau des Getriebes

Es geht weiter mit den Baustufen 11, 12 und 13, dem Zusammenbau der Antriebswellen, der Laufrollen und Stoßdämpfer. Auch hier darauf achten, dass es zwei verschiedene Laufrollen B8 und B9 und zwei verschiedene Wellen MS2 und MS3 gibt. Genau an die Bauanleitung halten. Von der Welle MS2 gibt es nur 2 Stück, von der Welle MS3 14 Stück! Die Laufgummis sind vom Spritzling abzutrennen. Suchen Sie nicht die Laufgummis für die beiden Laufrollen C5 und C6. Auf der Zeichnung in der Bauanleitung sind diese so gekennzeichnet, als ob sie ebenfalls mit Laufgummis bestückt sind. Das ist jedoch nicht der Fall. Hier handelt es sich nur um schwarze Farbe, die dort aufgetragen werden soll.

Besonders Acht geben muss man beim Zusammenbau der Stoßdämpfer A, B, C und D! Vom Stoßdämpfer der Ausführung A gibt es nur einen, ebenso vom Stoßdämpfer C, von den Stoßdämpfern der Ausführungen B und D aber jeweils vier Stück. Also genau auf die Unterteile C4, C7, B15 und B16 achten.

Der Einbau der Lager V1 bis V14 für die Drehstabfederungen wird in den Bauabschnitten 14 und 15, der Einbau der Drehstäbe selbst im Bauab-

Bild 1.14.4 Einbau der Drehstabfedern und Laufrollen

schnitt 16 beschrieben. Beim Einsetzen der Lager ist auf die Richtung zu achten. Die Zapfen der Lager V1 bis V14 sind so zu drehen, dass die schräge Nabe beim Austritt aus der Wanne nach unten zum Heck hin zeigt. Das ist sehr wichtig für die spätere Montage der Laufräder. Anschließend sind die Stoßdämpfer (Bauabschnitt 17) an den entsprechenden Stellen anzukleben. Die Stoßdämpfer A und B sind auf der linken, die Stoßdämpfer C und D auf der rechten Wannenseite anzubringen.

In der Baustufe 18 werden die Laufrollen der Reihe nach von hinten nach vorne an der Wannenseite festgeschraubt. Hier ist darauf zu achten, dass für die linke und rechte Seite verschiedene Schrauben verwendet werden. Auf der rechten Seite sind die Schrauben MC7 entgegen dem Uhrzeigersinn, auf der linken Seite die Schrauben MB7 im Uhrzeigersinn einzuschrauben. Die dafür zur Verwendung kommenden Schrauben mit Links- bzw. Rechtsgewinde auseinander zu halten, ist ein Kunststück. Davon erholen kann man sich während der Baustufen 20 und 21, beim Anbringen einiger Wannen-Heckteile.

Der Einbau des Getriebegehäuses mit den Motoren und den vormontierten Achsen erfolgt in Baustufe 22. Hierzu ist weiter nichts zu sagen. Danach erfolgt der Einbau der Antriebskränze in Baustufe 23.

Zum Schrecken wohl aller Panzermodellbauer gehört die Anfertigung der Kette und davon gibt es ja bekanntlich gleich zwei. Dank der Tamiya-Ingenieure, die sicherlich die Abneigung der Modellbauer kennen, werden die beiden Ketten für unser Modell fertig zusammengesetzt geliefert. Zusammen mit den beiden Leiträdern, die wir ja bereits in Baustufe 12 zusammengesetzt haben, werden die Ketten aufgezogen und gespannt. Das Aufziehen der Ketten erfolgt problemlos. Sitzen die Ketten richtig auf den Antriebskränzen und den Laufrollen, haben wir uns bereits bis zum Bauabschnitt 24 vorgearbeitet. Beim Betrachten der Wanne mit dem eingebauten Antrieb kommt richtig Freude auf. Man kann das Fahrgestell schon mal über den Arbeitstisch ziehen und sehen, wie die Ketten abrollen. Aber keine Bange, bis wir uns zu Baustufe 71 vorgearbeitet haben, wird noch einige Zeit vergehen.

In den nächsten Bauabschnitten wird die Lautsprechereinheit mit einigen Kabelbäumen eingebaut. Hier ist besonders auf das Einlegen der richtigen Kabelbäume zu achten. Nicht zu verwechseln ist das 4-polige Kabel für die vordere Licht-Platine mit dem 5-poligen Kabel für die hintere Lichtplatine. Wie die Motorkabel angeschlossen werden, geht aus der Lagezeichnung in der Bauanleitung hervor. Auf richtige Farben achten! Ist diese Arbeit erledigt, können wir für eine Weile die Panzerwanne beiseite schieben, denn ab Baustufe 27 geht es erstmals weiter mit dem Wannenoberteil, bei dem zunächst einige Bauteile anzubringen sind.

In den nächsten Bauabschnitten 28, 29, 30, 31 und 32 beginnt die Fummelarbeit mit den Leuchten und mit dem Einlegen der Lichtleitfaser-Kabel. Hierbei muss man sich genügend Zeit lassen und genau die Zeichnungen in der Bauanleitung betrachten. Das Abschneiden der angegebenen Längen vom Lichtleitfaser-Kabel geschieht mit einem scharfen Hobbymesser, keinesfalls mit der Schere oder dem Seitenschneider. Dadurch würde das Kabel gequetscht werden und kaum noch Licht hindurch lassen. Beim Bau der Licht-Einheiten, Baustufe 32, sucht man zunächst die vordere und hintere Platine. Diese befinden sich bei den Kabeln im Bausatz! In der Baustufe 33 erfolgt die Verkabelung der Lichtleitfaser-Kabel. Ist dies geschehen, werden die Kettenschürzen angebracht (Baustufe 34).

Zur Verkabelung des Wannen-Oberteils in Baustufe 35 ist weiter nichts zu sagen. Die Kabelverbindungen sind entsprechend der Bauanleitung zu verlegen. Anschließend wird das Wannen-Oberteil über die Wanne gestülpt und befestigt (Baustufe 36). In den weiteren Bauabschnitten 37, 38, 39 und 40 geht es um das Anbringen von kleinen Einzelteilen auf der Oberseite.

Genauer hinsehen muss man dann wieder bei den Bauabschnitten 41 und 42. Hier geht es um den Zusammenbau des Turmdrehrings und seiner Montage zusammen mit dem Turmunterteil auf dem Wannen-Oberteil. Der Turmdrehring besteht aus zwei Kugellagern, die aus den beiden Halteringen zusammenzusetzen sind. Sie werden auf den Turmdrehring aufgesetzt und von oben durch den Drehkranz gehalten. Hier noch ein Tipp zum Einlegen der Kugeln in die beiden Halteringe: Um das Herausspringen der Kugeln während der Arbeit zu vermeiden, empfehle ich, in die Löcher, dort wo die Kugeln eingelegt werden sollen, etwas Fett zu geben und dann die Kugeln einzulegen. Das Fett hält die Kugeln fest und verhindert so ein Herausspringen.

Es geht weiter mit den Baustufen 43, 44, 45 und 46 und wir kommen zum Einbau der RC-Anlage. Dazu benötigen wir einen geladenen Fahrakku mit 6 Zellen (7,2 Volt), den Fernsteuersender für 4 Kanäle, die im Baukasten liegende DMD-Kontroll-Einheit T-07, den Empfänger und das ebenfalls im Baukasten beiliegende Servo. Zur Kontrolle werden diese Komponenten, wie in der Zeichnung von Baustufe 45 angegeben, zusammengesteckt und abgeglichen.

In den Baustufen 47 und 48 wird der Zusammenbau des Turmdrehgetriebes mit dem Turmdrehmotor und weiter der Zusammenbau des Getriebes mit dem Rückstoßmotor beschrieben. Hier ist auf etwas ganz besonders zu

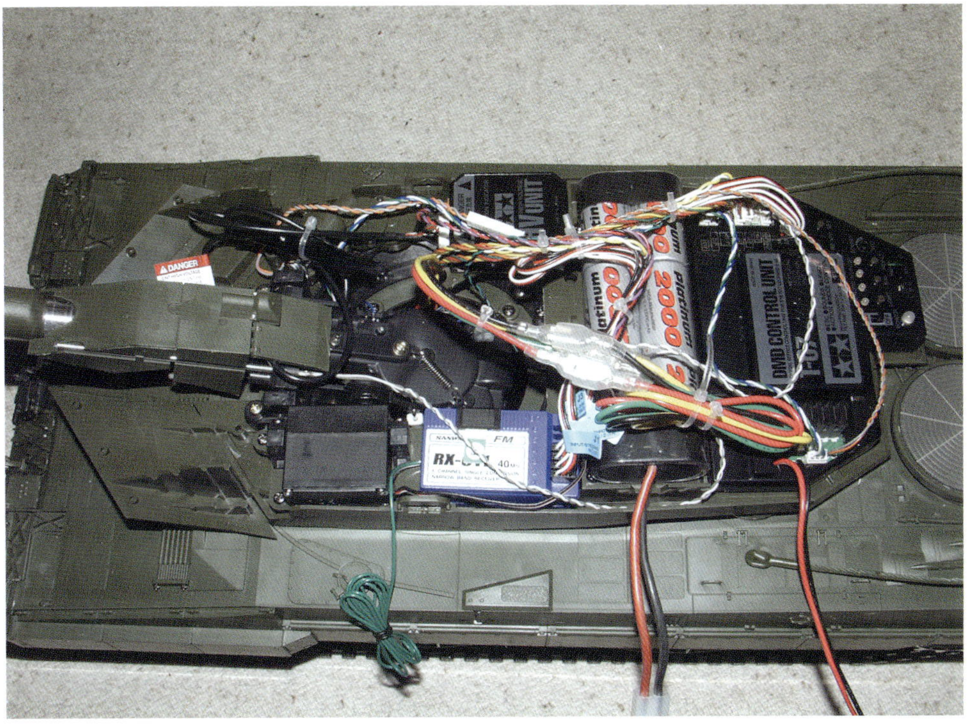

Bild 1.14.5 Einbau der RC-Anlage in den Turm

achten: Im Bausatz liegen vier mit MS bezeichnete Wellen. Auf den ersten Blick sieht es so aus, als ob alle vier Wellen gleich lang sind. Ich habe beim Zusammenbau zunächst nicht darauf geachtet. Das Turmdrehgetriebe ließ sich gut zusammenbauen, das Rückstoßmotorgetriebe jedoch nicht. Die Teile R4 und R6 passten nicht aufeinander. Sie ließen sich nicht zusammenschrauben, irgendetwas blockierte im Innern. Daraufhin sah ich mir nochmals ganz genau die beiden Zeichnungen 47 und 48 an und stellte plötzlich fest, dass es drei Wellen mit der Bezeichnung MS6 und eine mit der Bezeichnung MS7 gibt. Der Unterschied ist, dass die Wellen MS6 14 mm lang sind und die Welle MS7 12 mm lang ist. Da ich die kurze Welle

Bild 1.14.6 Das fertig zusammengebaute Modell noch ohne Tarnanstrich

MS7 bereits beim Turmdrehgetriebe verbaut hatte, musste ich das Getriebe also wieder auseinander nehmen, um an die Welle MS7 zu kommen, die in das Getriebe des Rückstoßmotors gehört. Auch die Zuordnung der richtigen Zahnräder ist nicht ganz einfach. Also genau die Zeichnungen ansehen, wo welches Zahnrad eingebaut werden muss! Nach dem Zusammenbau prüfen, ob der Schlagbolzenschlitten R5 sich leicht bewegen lässt. Das ist sehr wichtig für den Rückstoß des Kanonenrohres.

In Baustufe 49 wird das im Bausatz liegende Servo und der Begrenzungsschalter des Turmdrehwinkels auf der RC-Grundplatte M1 montiert. Diese Platte wird anschließend, wie in Baustufe 50 gezeigt, im Turmgehäuse festgeschraubt. Es wird jetzt langsam eng im Turmunterbau. Genau auf die Zeichnung achten! Wir kommen nun zum Einbau des Geschützrohrs, Baustufen 51 bis 55. Da überall Kabel herausschauen, sieht es im Augenblick etwas wirr aus. In Baustufe 56 erfolgt der Einbau des Empfängers, der HV- und DMD-Einheit sowie des Fahrakkus. Beim Verlegen und Anschließen der Kabelverbindungen genau die Bezeichnungen beachten.

Zu den nächsten Bauabschnitten 57 bis 70 ist nichts zu sagen. Dabei handelt es sich fast ausschließlich um das Anbringen von kleinen Bauteilen im und am Turmoberbau. Und endlich ist es soweit, der Turmoberbau kann auf den Turmunterbau auf der Wanne aufgesetzt und mit diesem verriegelt werden. Es müssen nun nur noch die Abziehbilder angebracht werden und dann können wir die Bauanleitung beiseite legen und zum kleinen Heftchen der Bedienungsanweisung greifen, das wir zum Durchspielen aller Funktionen benötigen. Den Tarnanstrich auf das Modell aufzubringen habe ich mir zunächst erspart, denn die Details sind so noch besser zu erkennen.

Gleich anfangs sollten wir uns mit der Belegung der vier Kanäle vertraut machen. Der rechte Steuerknüppel des Senders ist für die Kanäle 1 und 3 vorgesehen. Kanal 1 entspricht der seitlichen Bewegung von links nach rechts und umgekehrt. Kanal 3 entspricht der Bewegung nach oben und unten.

Der linke Steuerknüppel des Senders bedient die Kanäle 2 und 4. Kanal 2 von oben nach unten und Kanal 4 von links nach rechts und umgekehrt.

Auf die vielen möglichen Funktionen des Panzermodells hier einzugehen, erspare ich mir, da dies alles sehr genau in der Bedienungsanleitung beschrieben steht. Der Tamiya-LEO kann jedenfalls alles, was der Original-LEO auch kann. Es ist erstaunlich, was die Tamiya-Ingenieure da auf kleinstem Raum zuwege gebracht haben. Zum Zusammenbau selbst ist zu sagen, dass alle Teile genau passten und in keinem Fall nachgearbeitet werden musste. Eines möchte ich jedoch noch hervorheben, was mich bei der Inbetriebnahme des Panzermodells besonders begeisterte: Das war der Sound beim Fahren und der Rückstoß der Kanone nach dem Feuern. Dass dies in einem verhältnismäßig kleinen Modell von den Tamiya-Ingenieuren verwirklicht werden konnte, ist eine besondere Leistung.

1.15 Transportfahrzeuge der Bundeswehr

Nachfolgend werden einige Modelle von Bundeswehrlastkraftwagen und anderen Transportfahrzeugen beschrieben. Beginnen wollen wir mit dem Transportfahrzeug UNIMOG U 1300. Der UNIMOG wurde für die verschiedensten zivilen Bereiche konzipiert und wird bei den Kommunen, im Bauwesen, in der Landwirtschaft und im Forstbetrieb eingesetzt. Für die Bundeswehr wurde das Fahrzeug mit zahlreichen Änderungen wie Dachluken, MG-Halterung und zahlreichen Staukästen ausgerüstet.

Bild 1.15.1 UNIMOG der Bundeswehr

Herr **Volker Krellenberg, Pariner Straße 13, 23611 Bad Schwartau**, baute ein Modell des Bundeswehr-UNIMOG U 1300 L im Maßstab 1:7. Hier sein Bericht:

„Da ich selber in meiner Dienstzeit bei der Bundeswehr solch ein Fahrzeug gefahren habe, kam mir die Idee, einen UNIMOG als RC-Modell zu bauen. Es gibt zwar schon etliche Modelle vom UNIMOG, jedoch nicht im Maßstab 1:8 als Bundeswehrausführung. Der Maßstab des Modells wurde jedoch auf 1:7 geändert, da die gekauften Reifen für den Maßstab 1:8 nicht passend und andere nicht erhältlich waren. Fast alle Teile für das Mo-

Bilder 1.15.2 und 1.15.3 UNIMOG-Modell von Herrn Krellenberg

dell mussten selbst hergestellt werden. Dank der Unterstützung von Herrn Heinz Grabenstein wurde das fast Unmögliche schnell wahr gemacht. Da ein Modell bei mir nie ganz fertig wird, beschloss ich, noch weitere Umbauten vorzunehmen.

Auf der Ladefläche wurden der Antriebsmotor, der Fahrakku, der Lautsprecher, das Soundmodul und alle Komponenten der Fernsteueranlage untergebracht, was zur Folge hatte, dass die Ladefläche abgedeckt werden musste. Da eine Abdeckung mit Plane und Spriegel aus Fertigungsgründen für mich nicht in Frage kam, hatte ich die Idee des Kofferaufbaus mittels einer Fernmeldekabine, wie sie heute bei der Truppe verwendet wird. Es wurden sofort Pläne, Fotos und Unterlagen von solchen Fahrzeugausführungen beschafft. Mein guter Freund Olaf Hackbarth half mir dabei und fertigte für mich in kurzer Zeit eine Fernmeldekabine aus Aluminium an, die noch mit zahlreichen Zurüstteilen versehen wurde.

Abschließend erhielt das Modell noch viele weitere Extras wie Tarnnetzstangen, Kanister, Frontseilwinde, Abschleppkupplung, Kurbelmastantenne, MG auf Lafette, diverse taktische Zeichen, Nummernschilder usw. bevor es dann komplett mittels einer Airbrushanlage den neuen Tarnanstrich mit Gebrauchs- und Alterungsspuren bekam, welche erst den richtigen realistischen Effekt hervorrufen.

Während eines Besuchs bei der Kampftruppenschule in Munster hatte ich Gelegenheit, den Originalsound des UNIMOG aufzunehmen. Der Sound wurde dann von Herrn T. Benedini auf einem seiner Soundmodule digital gespeichert.

Zum Schluss wurde noch eine komplette Inneneinrichtung in das Fahrerhaus eingebaut, selbst die blaue Abdeckleiste für die Kontrolleuchten im Cockpit fehlt nicht. Das Modell ist mittels des eingebauten 24-Volt-Allradantriebs sehr geländegängig und es macht immer wieder sehr viel Spaß, damit im Gelände zu fahren.“

Ein Modell eines Militärlastwagens baut z. Zt. Herr **Andreas Seraphin, Marutendorf, 24239 Achterwehr**. Hier sein Bericht:

„Nachdem ich einen Lkw der Bundeswehr fertiggestellt hatte, fand ich einen Bausatz des OSHKOSH im Maßstab 1:35. Der gefiel mir so gut, dass ich beschloss, dieses Fahrzeug im Maßstab 1:8 nachzubauen. Da ich bei Baubeginn im Januar 2000 noch keine Unterlagen hatte, Fotos bekam ich erst später, nahm ich Maß am 1:35er-Modell.

Bild 1.15.4 Militär-Lkw OSHKOSH

Ich begann mit dem Rahmen aus Alu-Profilen, die wie ein Leiterrahmen zusammen gebaut wurden. Für die Befestigung der Achsen fräste ich mir aus Vollmaterial die Aufhängungen für die Blattfedern, welche ich, wie auch die Achsen, als Fertigteile gekauft habe.

Um auf das Maß der Pendelachsen zu kommen, kürzte ich die Blattfedern und versah sie mit neuen Bohrungen. Bei der Montage der Vorderachsen gab es ein Problem, da sie zu lang waren und erst gekürzt werden mussten, damit die Optik der Felgen und Naben zueinander passte. Um auf die benötigte Spurweite zu kommen, musste ich die Felgen und Naben für die Vorder- und Hinterachsen mit unterschiedlichen Maßen drehen. Als Reifen setzte ich Fertigteile ein. Zu den Blattfedern kamen noch Stoßdämpfer, die aus Vollmaterial gedreht und gefräst wurden und in die Druckfedern eingebaut sind.

Für die Ladefläche nahm ich eine 5 mm starke Aluplatte, auf der ich rundherum auf der Unterseite einen Rahmen aus 10 x 10-mm-U-Profilen befestigte. Zwischen den Profilen wurden noch zusätzlich weitere Verstrebungen aus 10 x 10-mm-Vollmaterial angebracht.

Die Ladebordwände fertigte ich aus 2 mm starken Platten, auf die Verstärkungsprofile aufgeschraubt wurden. Für die Bordwandbefestigung sägte ich mir kleine Scharniere zurecht. Die vordere und hintere Ladebordwand

Bilder 1.15.5 und 1.15.6 Das OSHKOSH-Modell im Maßstab 1:8 von Herrn Seraphin im Bau

ist einfach an die Ladefläche geschraubt. Zur Befestigung schraubte ich zwei U-Profile in Längsrichtung unter die Ladefläche. An den U-Profilen wurden noch etliche Dreiecke im gleichen Abstand wie die Querverstrebungen geschraubt, so dass sie mit den Querverstrebungen deckungsgleich sind. Für die Motorabdeckung verwendete ich eine 2 mm starke Platte, die im inneren Bereich U-förmig ausgeschnitten und an den beiden entstandenen Enden abgekantet ist, da sie gleichzeitig als Trittfläche und Kotflügel dient. Auf diese Grundplatte kam ein Kasten, der die halbe Fahrzeugbreite hat und nach hinten offen ist, um hier den Elektromotor für den Antrieb einbauen zu können.

Auf der Beifahrerseite ist das Reserverad an der Motorabdeckung befestigt. Die Hebevorrichtung für das Reserverad besteht aus einem Rohr, das am Fahrzeugrahmen befestigt ist. Der obere Teil ist schwenkbar in das Hauptrohr eingesteckt. Am hinteren Teil der Motorabdeckung ist das Auspuffrohr quer zur Fahrtrichtung angebracht. Der Auspuff ist oben mit einer aus GfK gefertigten Abdeckung versehen, in die entsprechende Querschlitze eingefräst wurden.

Für das Fahrerhaus benutzte ich 2 mm starkes Blech. Nach dem Ausfräsen der Fenster und Türen wurden die Teile mit Winkeln vernietet und verklebt.

Für die Mittelkonsole und das Armaturenbrett wurde wieder GfK verwendet, ebenso für den Frontgrill, welcher mittels Winkeln verstärkt wurde. Die Seitenmarkierungsleuchten bestehen aus U-Profilen und Plexiglasrohr, in das später 3-mm-LEDs eingebaut werden sollen.

Der Ladekran wie auch die Stützen werden mittels Hydraulik betätigt. Das Drehen des Krans erfolgt durch einen halb unter der Ladefläche sitzenden E-Motor. Der Unterbau des Krans ist aus einem Alublock gefräst und mit dem Fahrzeugrahmen verschraubt.

Der Kranausleger besteht aus drei Teilen, dem feststehenden und zwei ausfahrenden Armen, welche ich später über Seilzug betätigen möchte. Die Stützen, die unter dem Kran sitzen, werden zweiteilig mit einer Zahnstange ausgefahren.

Der Rest der Baumaßnahmen fehlt noch, das Fahrzeug soll später einen Dreifarben-Tarnanstrich bekommen.“

Technische Daten

Länge:	**1300 mm**
Breite:	**320 mm**
Höhe:	**350 mm**
Gewicht:	**40-50 kg**
Bauzeit:	**bisher ca. 4 Jahre**

Herr **Josef Göbel, Hünenburgstraße 32, 59872 Meschede**, baute das Panzertransportfahrzeug SLT 50-2 ELEFANT und dazu einen Kampfpanzer LEOPARD 1A4, beide im Maßstab 1:10. Das Modell ELEFANT entstand

Bilder 1.15.7 und 1.15.8 Modell des SLT 50-2 ELEFANT im Maßstab 1:10 von Herrn Josef Göbel

Bild 1.15.9 4-Achsen-Hydrauliklenkung beim Kässbohrer-Auflieger im M 1:10

Bild 1.15.10 LEOPARD 1A4-Modell auf dem Auflieger

Bild 1.15.11 Der Turm des LEOPARD 1A5 ist auswechselbar gegen den des LEOPARD 1A4

in einer Bauzeit von 11 Jahren. Etwa 10.000 Arbeitsstunden waren erforderlich. Alle Details wurden exakt vorbildgetreu nachgebaut. Der Antrieb erfolgt über einen 24-Volt-Elektromotor. Die Aufliegerachsen sind hydraulisch lenkbar, die Zweibeinstütze und die Rampen sind ein- und ausfahrbar. Während der Fahrt ertönt ein Originalfahrgeräusch vom Band.

Für den LEOPARD 1A4 benötigte Herr Göbel nochmals ca. 3.000 Arbeitsstunden. Das Modell entstand in Ganzmetallausführung. Als Vorbild diente das Tamiya-Modell im Maßstab 1:16. Angetrieben wird der Panzer von zwei Elektromotoren mit einer Betriebsspannung von 24 Volt. Das echte Fahrgeräusch des LEOPARD-Panzers wurde während der Fahrt auf Tonband aufgenommen und wird über einen 10-Watt-Verstärker hörbar gemacht. Der Turm ist drehbar ausgeführt, die Kanone lässt sich heben und senken. Geschossen wird mit Platzpatronen (wahlweise 9 mm Einzelschuss, 7 Schuss 8-mm- oder 6-mm-Leuchtpatronen). Vor jedem Schuss wird automatisch ein Fotoblitz ausgelöst, der optisch das Mündungsfeuer simuliert. Auch das Turmperiskop ist drehbar ausgeführt, die Fahrzeugbeleuchtung, eine Hupe und eine Rundumkennleuchte lassen sich über die Fernsteuerung ein- und wieder ausschalten.

Da der Original-LEOPARD 1A4-Kampfpanzer später weiter verbessert wurde und die Typbezeichnung 1A5 erhielt, baute Herr Göbel einen zweiten Turm, der diesem Panzertyp entspricht. Der Unterbau besteht aus Lindenholz, die Zusatzpanzerung aus Alu und Messing.

Wer Lust hat, für sein Panzermodell auch noch das Panzertransportfahrzeug SLT-50-2 ELEFANT aus einem Bausatz zu bauen, der sei auf die Firma **Peter Müller, Gerdagstraße 7, 31061 Alfeld** verwiesen. Diese Firma bietet u.a. Bausätze des ELEFANT in den Maßstäben 1:16 und 1:10 an.

Herr **Friedel Werner, Cellerstraße 14, 31582 Nienburg/Weser**, baute einen Faun-Sattelschlepper im Maßstab 1:7, und als das Gefährt fertig war, sollte ja auch etwas darauf transportiert werden. Was lag also näher, als auch noch einen Panzer LEOPARD 1A4 im gleichen Maßstab dazu zu bauen.

Kommen wir zunächst zu den gewaltigen Abmessungen und Gewichten dieses Modells, das vom Vorbild kaum zu unterscheiden ist.

Zugmaschine:	**Länge 94 cm, Breite 43 cm, Gewicht 21 kg**
Sattel:	**Länge 195 cm, Breite 46 cm, Gewicht 15 kg**
Panzer:	**Länge 110 cm, Breite 50 cm, Gewicht 50 kg**

Bild 1.15.12 SLT 50-2 ELEFANT aus einem Bausatz der Firma Peter Müller, Modell im Rohbau

Bild 1.15.13 Dasselbe Modell fertig lackiert

Bild 1.15.14 LEOPARD 1A4-Modell von Herrn Werner

Bilder 1.15.15 und 1.15.16 *Das Modell fährt auf das Transportfahrzeug auf*

Die Zugmaschine zusammen mit Sattel ergibt die Gesamtlänge des Gefährts von 2,89 Metern bei einem Gesamtgewicht von 86 kg. Die Leistung des Modellbauers ist um so mehr zu bewundern, wenn man bedenkt, dass es keinen Bauplan zum Bau des Panzers gab und ein Revell-Bausatz im Maßstab 1:35 als Vorlage benutzt wurde. Alle Teile des Bausatzes wurden in mühevoller Arbeit auf den Maßstab 1:7 umgerechnet und aufgezeichnet. Dann wurde das Material beschafft und erst dann konnte mit der eigentlichen Arbeit begonnen werden. Für viele Teile wie z.B. die Laufrollen wurden Spezialwerkzeuge angefertigt, da die Rollen aus Hart-PVC gegossen wurden. Die aus mehreren Teilen bestehenden Gussformen mussten angefertigt werden. Ähnlich war es bei der Herstellung der vielen Kettenglieder. Es wurden Vorrichtungen angefertigt, die eine „Massenproduktion" ermöglichten. Auch die Kettenpolster wurden aus Hart-PVC und die Mittelführungsstege aus Aluminium hergestellt. Für die Anfertigung der Kettenglieder waren fünf Fahrradketten erforderlich.

Nachdem der eigentliche Bau des Panzermodells beendet war, begann der Einbau der Technik. Angetrieben wird der LEOPARD von zwei Elektromotoren, von denen jeder auf eine Kette arbeitet. Die Fahrgeschwindigkeit lässt sich über drei Gänge regeln. Die beiden Motoren sind getrennt regel- und umschaltbar, so dass jede Kette mit unterschiedlicher Geschwindigkeit laufen kann. Dadurch wird eine weiche Kurvenfahrt ermöglicht, das Modell dreht nicht ruckartig. Selbstverständlich kann der Panzer auch auf der Hochachse (auf der Stelle) drehen, wenn eine Kette auf Vorausfahrt und die andere auf Rückwärtsfahrt geschaltet wird. Die Stromaufnahme der Motoren liegt bei 3,5 A im Leerlauf und bei 20 A unter Last. Die Stromversorgung übernehmen vier Bleiakkus mit einer Kapazität von je 9,5 Ah. Die Akkus sind bei 6-Volt-Betrieb parallel und bei 24-Volt-Betrieb in Reihe geschaltet.

Ein dritter Motor ist für das Turmdrehen und ein vierter für das Heben und Senken des Rohres vorgesehen. Die Stromzufuhr für die im Turm untergebrachte Elektrik und Elektronik erfolgt über Schleifkontakte und Schleifringe. Über zwei weitere Motoren lässt sich die Turmoptik drehen und deren Splitterschutz aus- und einfahren. Eine funktionsfähige Rundumkennleuchte befindet sich am Turm, in das Nachtsichtgerät wurde ein Scheinwerfer eingebaut. Fahrscheinwerfer und Rücklichter lassen sich ein- und ausschalten.

Die Schießanlage funktioniert mit Pyrokrachern. Nach jedem Schuss wird über eine besondere Mechanik die Kartusche seitlich aus dem Turm ausgeworfen, wie beim Original. Beim Fahren des Modells ertönt aus einem

Lautsprecher das richtige Fahrgeräusch eines Original-Panzers, das zuvor auf Band aufgenommen wurde.

Soll der Panzer mit dem Transportfahrzeug transportiert werden, wird die normalerweise hoch stehende Auffahrrampe des Sattelschleppers über Funk heruntergelassen und der LEOPARD fährt ebenfalls funkferngesteuert auf den Auflieger auf. Dabei muss der Panzer zentimetergenau die Auffahrrampe des Transporters ansteuern. Ist der Panzer aufgefahren, wird die Auffahrrampe wieder hochgeklappt. Nun kann der Sattelschlepper mit seiner schweren Last losfahren. Der auf acht Räder wirkende Doppelachsantrieb sorgt für ausgezeichnete Fahreigenschaften. Auch der Motor des Transportfahrzeugs lässt sich in drei Gängen von Vorwärts- auf Rückwärtsfahrt schalten.

1.16 Ausländische Panzermodelle

Außer den Panzern der Bundeswehr werden natürlich auch Modelle von Panzern anderen Nationen gebaut. Hier in diesem Abschnitt zeige ich einige Modelle ausländischer Panzer und lasse die Modellbauer davon berichten.

Bild 1.16.1 US-Schützenpanzer BRADLEY

Herr **Volker Krellenberg, Pariner Straße 13, 23611 Bad Schwartau**, baute den US-Schützenpanzer M2 BRADLEY im Maßstab 1:7. Hier sein Bericht:

„Im Herbst 2001 sah ich auf den 5. Hamburger Modellbautagen auf einem kleinen Verkaufsstand den riesigen Karton für ein Modell des US-Schützenpanzers BRADLEY. Nach gründlicher Überprüfung des Inhaltes kam ein schönes Panzermodell zum Vorschein, das leider vollkommen aus Plastik gefertigt war. Einige Teile waren beweglich und so kam mir die Idee, daraus ein RC-Modell zu machen.

Zunächst wurden zahlreiche Bücher und Unterlagen über diesen Panzer besorgt. Die Literatur über diesen bei uns nicht so bekannten Panzertyp ist meist in englischer Sprache verfasst, aber zum Bau des Modells benötigt man ja ohnehin nur die Bilder.

Da das Modell sehr stabil sein musste, kam nur eine Gemischtbauweise in Betracht. Aus eigenen Erfahrungen sollte das Gewicht 50 kg nicht übersteigen. Ich habe nämlich bereits ein Modell des LEOPARD 2 gebaut, das 85 kg wiegt. Wegen des schwierigen Transports verbleibt das Modell dann leider meist im Keller.

Eine genaue Umrechnung der Größe des BRADLEY ergab den Maßstab 1:7 und nicht, wie auf dem Karton zu lesen war, den Maßstab 1:6.

Zunächst mussten die Wanne, das Laufwerk, die Rollen, die Antriebstechnik und die Ketten hergestellt werden. Dank der Hilfe meines Freundes Heinz Grabenstein war in nur sechs Monaten der komplette Unterbau des Modells aus Aluminium fertiggestellt.

Als Antrieb kamen zwei Lüftermotoren aus dem Kfz-Bereich zur Verwendung, die mit 24 Volt Spannung betrieben werden. Jede Kette wird von einem Motor angetrieben und durch einen elektronischen Drehzahlsteller der Firma Nessel geregelt.

Der Turm wurde komplett auseinander geschnitten und mit Turmantriebstechnik, Bordkanonenhebemechanik, Beleuchtung, Akkus, Ladebuchsen usw. versehen.

Nach dem Einbau einer Fernsteueranlage, einem Soundmodul von Herrn Benedini, Akkus, Lautsprechern, Ladebuchsen, Beleuchtung, Rundumkennleuchte, einigen Schaltern etc. wurde das Modell wieder zusammen gebaut und von mir komplett in den neuen Tarnfarben der US-Streitkräfte lackiert. Um ein realistisches Aussehen des Modells zu erreichen, wurde es dann mittels Rostflecken und Airbrushtechnik gealtert und verschmutzt. Abschließend habe ich das Modell dann noch mit einer Kommandanten-

Bilder 1.16.2 und 1.16.3 Modell des US-Schützenpanzers BRADLEY im Maßstab 1:7 von Herrn Volker Krellenberg

puppe, Stacheldraht, Kisten, Behältern, Tarnnetz und Werkzeug ausgerüstet.

Das fahrfertige Modell hat ein Gewicht von 48 kg. Die Fahrleistung im Gelände ist ausgezeichnet. Der US-Schützenpanzer M 2 BRADLEY ist ein interessantes RC-Modell, dass es bisher in dieser Ausführung wohl nur einmal gibt. Bei Interesse bin ich gerne bereit, weitere Tipps zu geben."

Herr **Jörg Kirchberger, Südstraße 24, 07548 Gera**, hat sich zum Bau des sowjetischen Kampfpanzers T 72 M1 im Maßstab 1:8 entschieden. Hier der Bericht von Herrn Kirchberger:

„Der Bau des Panzers T 72 wurde unter dem Aspekt begonnen, möglichst leicht zu bauen und ein Modell zu schaffen, das nicht so oft zu finden ist. Die Baupläne stammen aus einer alten Modellbauzeitschrift, zur Vervollständigung der Unterlagen mussten noch einige Fotos gemacht werden. Einen Originalpanzer des Typs T 72 fand ich im Armee-Museum in Dresden.

Die Unterwanne besteht aus 3 mm starkem Alu-Blech, die einzelnen Teile sind miteinander verschraubt. Zwei Lüftermotoren (aus einem VW Golf) mit nachgeschaltetem Getriebe dienen als Antrieb. Als Antriebskränze verwen-

Bild 1.16.4 T 72-Modell von Herrn Kirchberger

de ich Zahnräder aus Azetalharz, die leicht sind und ohne Schmierung auskommen. Die Kraftübertragung erfolgt über eine Kette zur Hauptantriebsachse aus 8-mm-Silberstahl. Für die Geschwindigkeitsregelung sorgen zwei Drehzahlsteller 12 V/ 35 A. Die Laufrollen haben einen Durchmesser von 80 mm, sind kugelgelagert und an einem Schwingarm befestigt. Die Federung erfolgt über eine Drehstabfederung aus 2 mm starkem Federstahl. Die Ketten des Modells haben eine Breite von 75 mm, jede Kette besteht aus 97 Kettengliedern. Als Material diente Kunststoff auf 2-Komponentenbasis, dadurch ist sie verhältnismäßig leicht und wiegt nur 920 Gramm. Eine Metallkette würde das Dreifache wiegen. Auch die Abnutzung der Kunststoff-Kette hält sich in verträglichen Grenzen. Zur Herstellung der Kettenglieder ist noch zu bemerken, dass sie in einem Stück gegossen und nachträglich mit einer 2-mm-Bohrung versehen wurden. Durch die Bohrung wird ein 2 mm starker Federstift geführt, der an beiden Enden mit Harz vergossen ist. Auch die Antriebskränze bestehen wie gesagt aus diesem Kunststoff, nur die Naben wurden aus Aluminium eingesetzt. Die Kette lässt sich mit dem um ca. 1,5 cm verschiebbaren Leitrad spannen.

Das Wannenoberteil besteht aus 2 mm starkem Aluminium und ist mit Winkeln an den Seiten befestigt. Die Aufbauten wurden aus Messingwinkeln und anderen Profilen gefertigt, Lampen und Scheinwerfer aus Kunststoff gedreht. Der Kraftstofftank am Heck besteht aus 0,3-mm-Messingblech, die Motorabdeckung aus Stahlgitter, sie ist mit Messingwinkeln verlötet. Als Gitterabdeckung für die Vorderscheinwerfer wurde 2 mm starkes Messingrohr entsprechend gebogen und verlötet. Für die Abdeckung des vorderen Bereichs der Ketten habe ich eine klappbare Ausführung aus 0,3-mm-Messingblech mit aufgelöteten halbrunden Profilen gewählt.

Der Turm des T 72 ist wegen seiner runden Form ein ganz besonderes Stück. Da er zwar rund, aber nicht kreisrund gestaltet ist, machte seine Herstellung sehr viel Arbeit. Die Grundform wurde daher erstmal in einem Holzmodell erarbeitet, von dem ich dann ein Negativmodell aus Gips angefertigt habe. In dieser Gipsform wurde dann der endgültige Turm mit Polyesterharz und Glasgewebe laminiert. Ebenso entstanden die Anbauteile am Turm wie Luken, Nebelmittelwurfanlage, Scheinwerfer usw. Der Turm ist auf eine 2 mm starke Platte aufgesteckt und in ihm befinden sich der Antrieb für die Kanone und ein Laser-Zielmarkierer. Die Kanone ist ein Alurohr, das am Turm auf zwei Zapfen gelagert ist und über ein Getriebe mit einer Schubstange bewegt wird. Der Getriebemotor wird durch einen Drehzahlsteller gesteuert, dadurch ist eine sehr weiche Steuerung möglich. Der Turm lässt sich über ein Zahnrad (Modul 1) mit 120 Zähnen drehen. Auch der Turmantriebsmotor wird über einen Drehzahlsteller angetrieben.

Bilder 1.16.5 und 1.16.6 Blick in die Wanne des T 72 von Herrn Kirchberger

Als Stromquelle für mein Modell verwende ich zwei 12 V/7,2-Ah-Bleiakkus. Die Soundanlage arbeitet mit einem 40-W-Verstärker, der von einem 12 V/1,2-Ah-Akku mit Strom versorgt wird. Das Fahrgewicht meines Modells beträgt 29 kg und die Fahreigenschaften sind sehr zufriedenstellend."

Einer der legendärsten Panzer des Zweiten Weltkriegs war der sowjetische T 34. Aufgrund der ernsten politischen Lage erteilte das russische Oberkommando am 19.12.1939 den Befehl, den aus dem T 32 entwickelten T 34 zu bauen. Ende Januar 1940 verließen die ersten T 34 die Komintern-Werke. Bemerkenswert an diesem Panzer war die Formgebung, die die Widerstandsfähigkeit gegen die Durchschlagskraft von Granaten bedeutend erhöhte. Seine Bewaffnung mit einer 76,2 mm-Kanone mit langem Rohr war für Panzer dieser Klasse ebenfalls neu. Das Laufwerk des T 34 erlaubte es, auch in schwerem Gelände recht hohe Geschwindigkeiten zu fahren und die breiten Ketten verminderten den Bodendruck erheblich. Die Gesamtkonstruktion dieses Panzers war auf die Massenproduktion ausgerichtet. Ende 1940 waren die ersten 115 Stück des Typs T 34 fertiggestellt. Als die Deutschen Truppen 1941 die Sowjetunion angriffen, kamen schon 1225 T 34 zum Einsatz. Den ersten Kampfeinsatz erlebte der T 34 am 22. Juni 1941 in der Nähe von Grodno. Für die Deutschen war der T 34 eine

Bild 1.16.7 T 72-Modell von Herrn Kirchberger

große Überraschung. Man versuchte, den Panzer in Deutschland zu kopieren, was jedoch nicht gelang. Die Antwort auf den T 34 war der PANTHER, dessen Gesamtkonzeption erheblich vom T 34 beeinflusst wurde. Wegen des Vorrückens der Deutschen Truppen wurde die sowjetische Panzerproduktion weiter nach Osten verlegt.

Ursprünglich war der T 34 mit einem geschweißten Turm aus Walzstahl ausgerüstet. Um die Produktion zu beschleunigen, führte man einen Gussturm ein. Ab Mitte 1941 erhielt der T 34 eine neue Kanone mit verlängertem Rohr und höherer Mündungsgeschwindigkeit. Während der Serienproduktion nahm man mehrere Änderungen vor, die entscheidenste Verbesserung kam jedoch erst im Herbst 1943, als die 85-mm-Kanone eingebaut wurde. Dieser neue Panzer erhielt dann die Bezeichnung T 34/85. Die Fertigung lief bis Mitte der 50er Jahre, insgesamt wurden 11.000 Stück des T 34 gebaut.

Technische Daten

Länge mit Kanone:	**7,5 m**
Breite:	**2,92 m**
Höhe:	**2,39 m**
Gewicht:	**32 t**
Leistung:	**380 kW (500 PS)**
Geschwindigkeit:	**50 km/h**
Besatzung:	**5 Mann**
Bewaffnung:	**1 - 85 mm-Kanone, 2 - MG 7,62 mm**

Da es bis zum Fall des Eisernen Vorhangs fast unmöglich, seitdem auch immer noch recht schwierig ist, an Originalunterlagen und Fotos von sowjetischen Panzern heranzukommen, gibt es auch nur wenige Modelle dieser Vorbilder. Herr **Wilhelm Doletschek, Am Eichbaum 15, 38229 Salzgitter**, baute ein Modell des T 34 im Maßstab 1:13. Wie er dazu kam, berichtet er selber:

„Angeregt zum Bau des T 34 wurde ich bereits während meines Wehrdienstes von 1957 bis 1959 bei der Tschechoslowakischen Armee, den ich als Kommandant eines T 34 absolvierte. Das Konzept mit Skizzen und Zeichnungen entstand im Jahre 1960. Den Panzer aus Aluminium zu bauen ergab sich dadurch, dass ich damals in einem Alu-Druckgusswerk beschäftigt war. Über zwei Jahre hinweg habe ich meine gesamte Freizeit geopfert

Bild 1.16.8 T 34-Modell von Herrn Wilhelm Doletschek

Bild 1.16.9 T 34-Modell mit aufgesetztem Raketenwerfer beim Nachtschießen für das Fernsehen, dahinter der Erbauer

und viele Abende heimlich im Werk verbracht. Den Turm sowie Ober- und Unterteil der Wanne habe ich in einer Sandform gegossen und anschließend bearbeitet. Für die 110 Kettenglieder wurde eine Spritzgussform angefertigt. Der Turm ist über eine Axiallagerung mit Zahnkranz mit der Wanne verbunden. Die Laufräder sind kugelgelagert und einzeln abgefedert. Als Standmodell war der Panzer 1963 fertig. Die nächste Ausbaustufe, der Einbau eines Antriebes und der Steuerung, konnte dann damals leider nicht mehr durchgeführt werden, da die ganze Arbeit ein trauriges Ende genommen hatte: Das Panzermodell wurde von der STB (Polizei) beschlagnahmt und verbrachte ein halbes Jahr in der STB-Zentrale in Karlsbad. Es dauerte weitere drei Jahre, bis mir mein Modell am 20.11.1966 wieder ausgehändigt wurde. Das war für mich ein unvergesslicher Tag! Danach stand mein T 34 über 20 Jahre in unserem Wohnzimmer. Erst 1989, inspiriert durch das Buch „Kettenfahrzeugmodelle", habe ich mich entschlossen, mein Jugendwerk mit „High-Tech" nachzurüsten und zu vollenden.

Mit der freundlichen Unterstützung des Inhabers eines Modellbaugeschäftes in Salzgitter, Herrn Bergmann, begann die zweite Stufe der Entwicklung meines T 34. Inzwischen ist das gesamte Innenleben fertig gestellt. Gelenkt und gesteuert wird der T 34 durch eine Fernsteueranlage FUTABA FC-18. Das Modell kann folgende Funktionen ausführen:

Fahren mit max. 80 m/min

Turm drehen

Kanone senken und heben von -5° bis +20°

Kanone schießen, sieben Platzpatronen in 12 s.

Leichtes MG-Feuer, akustisch

Schweres MG-Feuer, akustisch

Dieselmotorgeräusch

Anlassgeräusch

Fernlicht/Rotlicht. Beim Einschalten des Hauptschalters von Hand beginnt auf dem Turm Rotlicht zu blinken.

Technische Daten

Länge:	**68 cm**
Breite:	**28 cm**
Höhe:	**23 cm**
Gewicht:	**23 kg**

Antrieb:	**2 x SPEED 700 Turbo-Elektromotoren**
Bordspannung:	**6V/12V**

Um dem Modell mehr „Kampfkraft“ zu geben, habe ich einen auf den Turm aufsteckbaren Raketenwerfer entwickelt. Der ferngesteuerte Raketenwerfer ist für 30 Schuss 15-mm-Munition und eine Schussfolge bis zu 1 Schuss pro Sekunde ausgelegt. Er lässt sich von 10° bis 90° schwenken.“

1.17 Soundmodule für Panzermodelle

Panzermodellbauer legen großen Wert darauf, ihre Modelle so vorbildgetreu wie nur irgend möglich nachzubauen. Dazu gehört neben dem Optischen und Technischen auch die Akustik. Die Modelle sollen nicht nur dem Original entsprechend fahren und alle Funktionen ausführen können, sondern sie sollen während des Fahrens auch den realistischen Sound von sich geben.

Herr **Thomas Benedini, Müllergasse 15, 52159 Roetgen**, hat sich auf digitale Soundmodule spezialisiert und bietet sie allen interessierten Panzermodellbauern an.

Auf diesen Soundmodulen sind gespeichert: Motorzustände wie Starten, Leerlauf, Zwischengas, Beschleunigung, dynamische Motordrehzahl entsprechend der Modellgeschwindigkeit, Übergang in den Leerlauf und Motor abstellen.

Weiterhin sind eine Fülle von Sondergeräuschen enthalten, wie z.B. Waffen, Hupe, Türen, Funksprüche usw.

Bei allen Soundmodulen kommen nur Aufnahmen zum Einsatz, die vom Original aufgenommen wurden. Das Modul ist universell ausgelegt, wodurch es möglich ist, jede Art von Modell mit seinem eigenen Sound auszurüsten, sofern Aufnahmen vorliegen.

Zusätzlich ist ein Raucherzeuger erhältlich, der synchron zum Motorzustand Auspuffrauch simuliert. Hierbei werden je nach Motorzustand die Rauchmenge und Ausblasgeschwindigkeit angepasst. Ferner stehen Schaltausgänge zur Verfügung, womit z.B. das Mündungsfeuer soundsynchron simuliert werden kann.

Da besonders im Großmodellbau oft sehr hohe Stellkräfte benötigt werden, hat Herr Benedini auch eine Servoelektronik entwickelt, die aus jedem Gleichstromgetriebemotor (z.B. Kfz-Fensterheber oder Scheibenwischer) ein modellbautaugliches Servo macht. Hierfür muss lediglich ein Stellpoti an der Abgangswelle des Motors oder der angelenkten Mechanik angebracht werden.

Bild 1.17.1 Ein Soundmodul aus dem Programm von Herrn Benedini

2. Panzer der ehemaligen Deutschen Wehrmacht

2.1 Panzerkampfwagen IV

Der Panzerkampfwagen IV der ehemaligen Deutschen Wehrmacht war der einzige deutsche Kampfpanzer, der während des gesamten Zweiten Weltkrieges ununterbrochen gebaut wurde. Mit Ausnahme des sowjetischen T 34 blieb er vermutlich länger in der Produktion als jeder andere Panzer dieses Krieges. Dieser Panzertyp war von 1936 bis 1945 im Einsatz und wurde auch von Italien, Spanien und der Türkei eingesetzt. Von diesem Panzer wurden mehrere Ausführungen gefertigt, so setzte man z.B. den Typ D im Polen- und Frankreichfeldzug ein. Schätzungsweise wurden von diesem Arbeitspferd der deutschen Panzertruppe 8.000 Stück produziert.

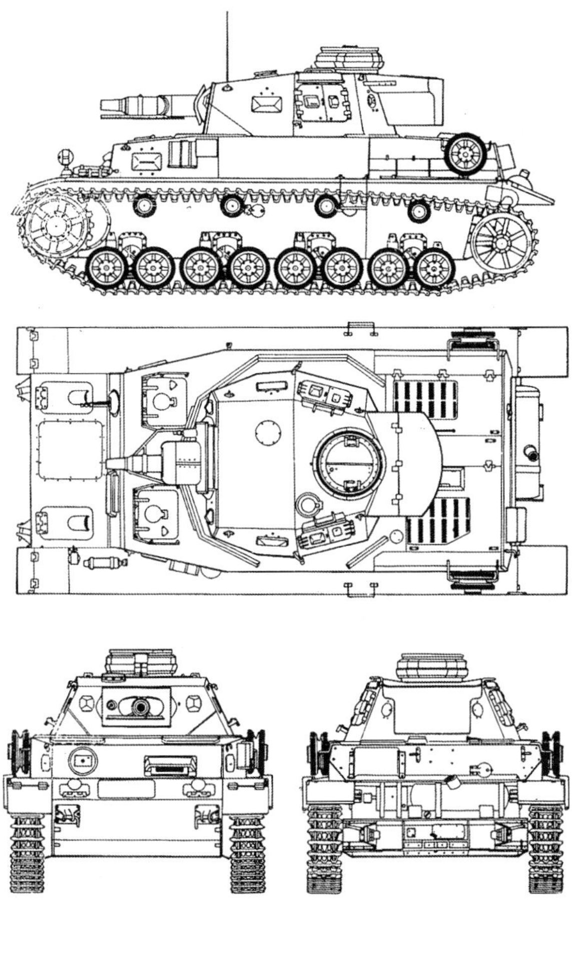

Bild 2.1.1 Vierseitenansicht Panzerkampfwagen IV, Ausführung F

Vorläufer des Panzerkampfwagens IV waren die Panzerkampfwagen I, II und III. Der Panzerkampfwagen I wurde 1933 an die Truppe ausgeliefert und war ein kleiner Panzer mit 2 Mann Besatzung und einem Gewicht von 5,4 t. Vergleichen wir diesen Panzertyp mit dem heutigen modernen Kampfpanzer LEOPARD 2 der Bundeswehr, so stellen wir fest, dass sich das Panzergewicht genau verzehnfacht und die Besatzungsstärke verdoppelt hat. Noch gravierender sieht es bei der Leistung aus. Während der Panzerkampfwagen I mit 60 PS auskommen musste, werden die LEOPARDen mit 1500 PS durch das Gelände bewegt. Beim Panzer I saßen der Kommandant und der Fahrer im gleichen Raum. Die Sicht war so schlecht, dass der Kommandant meist im Turm stand, der Turm selbst wurde mit Muskelkraft gedreht, die beiden Maschinengewehre vom Kommandanten bedient.

1935 wurde dann der 7,5 t schwere Panzerkampfwagen II an die Truppe ausgeliefert. Er war mit einem 130 PS starken Motor ausgerüstet, die Geschwindigkeit betrug 40 km/h. Zu Beginn des Frankreichfeldzuges waren 955 Panzerkampfwagen II einsatzbereit.

Nachdem man mit den leichten Panzertypen I und II Erfahrungen gesammelt hatte, wurde der Panzerkampfwagen III entwickelt und gebaut. Sein Gewicht war auf 15 t angestiegen, die Motorleistung betrug 230 PS, als Besatzung waren 5 Mann an Bord. 1941 waren 1500 Stück dieses Panzers an die Truppe ausgeliefert worden.

Technische Daten des Panzerkampfwagens IV

Länge:	**5,91 m**
Breite:	**2,92 m**
Höhe:	**2,59 m**
Gewicht:	**19,7 t, später 24 t**
Leistung:	**300 PS**
Geschwindigkeit:	**40 km/h**
Steigfähigkeit:	**30 %**
Besatzung:	**5 Mann**
Bewaffnung:	**1-7,5 cm Kanone, 2-7,92 mm MG**

Herr **Markus Dochtermann, Lessingstraße 25, 69509 Mörlenbach**, hat den Panzerkampfwagen IV im Maßstab 1:5 nachgebaut. Der Maßstab 1:5 schien ihm die geeignete Größe zu sein, um die Detailgetreue bei gleichzeitiger Geländerobustheit zu erhalten. Das Modell wurde als Ausführ-

Bild 2.1.2 Das Modell des Panzerkampfwagen IV im Maßstab 1:5 von Herrn Dochtermann

ung J gebaut, die ab März 1944 eingeführt wurde und das letzte Serienmodell des Panzerkampfwagens IV war.

Als Vorbild für sein Vorhaben diente Herrn Dochtermann das Modell der Firma Tamiya im Maßstab 1:35. Alle Maße wurden abgenommen und vergrößert. In einem ersten Schritt nahm er sich die Panzerwanne vor. Nachdem die Wanne auf dem Reißbrett aufgezeichnet war, entstand danach eine Versuchswanne, die aus Alublech gebogen wurde. In dieser Planungsphase fiel die Entscheidung, als Material 4-mm-Aluminium zu verwenden, um das Gewicht möglichst gering zu halten.

Danach ging es an den Bau des Fahrwerks. Hierbei stellte insbesondere die Entwicklung der Fahrwerkfederung und Aufhängung, die auf das spätere Gesamtgewicht des Modells abgestimmt werden musste, eine Herausforderung dar. Als effektivste Variante stellte sich nach einigen Versuchen die Drehstabfederung heraus, die an der Unterseite der Wanne angebracht ist. Um Schäden an der Federung bei Geländefahrten zu vermeiden, wurden die Federstahlstäbe und Aufhängungen mit einer Aluminiumabdeckung verkleidet.

Es folgte die Entwicklung und Fertigung der Antriebskränze und Laufräder mit Spannvorrichtung. Beide Bauteile mussten aufgrund ihrer bedeutenden

Bilder 2.1.3 und 2.1.4 Das Modell von Herrn Dochtermann im Gelände

635

635

Bilder 2.1.5 bis 2.1.7 Detailansichten des Modells

Rolle für das Fahrwerk besonders robust ausgelegt werden. Der Antriebskranz sollte ebenso wie das Leitrad dem Original äußerst nahe kommen. Hierzu hat sich Herr Dochtermann ein CNC-Programm schreiben lassen, um das Speichenmuster der Antriebskränze herauszufräsen. Die zum Zentrum des Antriebskranzes gerichtete Speichenschräge wurde durch Abdrehen erreicht. Das Leitrad entstand im Gegensatz zum Antriebskranz nicht aus einem, sondern aus mehreren Komponenten. Diese sind Welle mit Bohrungen, 16 Stehbolzen und zwei Stahlringe. Während die Stehbolzen in die Wanne gesteckt werden, wurde der Kranz, um die nötige Stabilität zu erreichen, mit den Stahlbolzen verschweißt. Die Kettenschürzen sind aus Stahlblech hergestellt, die Befestigung an der Aluwanne erfolgte mit Stahlwinkeln. An der Vorder- und Rückseite der Kettenschürzen sind gemäß dem Original Schmutzabweiser beweglich angebracht.

Nachdem die Wanne und das Fahrwerk fertig waren, erfolgte der Einbau der Antriebsmotoren. Dabei handelt es sich um Industriemotoren mit einer Betriebsspannung von 24 Volt. Das Getriebe entstand nach einer langen Entwicklungs- und Versuchsphase, die mit einigen Fehlschlägen die schwierigste Bauphase des Modells darstellte, da es um eine sinnvolle Abstimmung zwischen der Höchstgeschwindigkeit und Kraftübertragung auf die Antriebskränze ging. Die Verbindung zwischen Motor, Getriebe und der

Bild 2.1.8   Die Antriebsmotoren

Antriebswelle erfolgt durch handelsübliche Ketten. Um ein ruckartiges Anfahren und Abbremsen des Modells zu vermeiden, wurden elektronische Drehzahlsteller vorgesehen, die auf die Leistung der eingesetzten Industriemotoren abgestimmt sind.

Als letzter großer Bauabschnitt folgten der Aufbau, der Turm mit Turmdrehantrieb und das Rohrhebewerk. Der Aufbau, wie auch der Turm, wurden aus 2 mm starkem Aluminium gefertigt. Aufbau und Turm sind als Schraubkonstruktion hergestellt, zusätzliche Schweißnähte sorgen für eine gute Stabilität. Das Drehen des Turms erfolgt durch einen Scheibenwischermotor in Verbindung mit einer Kette. Neben dem Turmantrieb sorgt ein Rohrhebewerk für das Heben und Senken des Geschützrohres, ein Elektromotor mit Winkelantrieb übernimmt diese Arbeit.

Selbstverständlich durften die vielen Details am Panzer IV nicht fehlen. Dabei war von großer Bedeutung, dass sowohl die Kommandantenluke, die Luken für den Ladeschützen an den Turmseiten als auch die Luken für den Fahrer und Funker am Aufbau der Wanne beweglich ausgeführt wurden. Das MG 34 des Funkers wurde mit Kugelblende und der Sehschlitz des Fahrers möglichst detailgenau gestaltet. Die Kugelblende wurde aus Holz, die Kugel selbst aus Aluminium angefertigt. Zur detailgenauen Wiedergabe des MG 34 eignete sich besonders gut Wismut, das in einer Form gegossen wurde. Auch für die Blende des Fahrersehschlitzes wurde Wismut verwendet, die Blende ist ebenso wie das MG beweglich angebracht. Die Zusatzpanzerungen an der Frontseite der Wanne und des Aufbaus bestehen aus 5-mm-Aluminium.

Die an den Außenseiten der Wanne und des Aufbaus angebrachten Zubehörteile, wie z. B. Laufrollenheber, Bolzenschneider und Abschlepphaken wurden ebenfalls aus Wismut gegossen. Der Unterlegklotz für den Laufrollenheber besteht aus Holz, Schaufel und Hammer sind aus Metall gefertigt.

Das Modell erhielt danach einen Dreifarben-Tarnanstrich mit Original-Farbtönen.

Herr Dochtermann hat das Modell des Panzerkampfwagens IV, Ausführung J, in zweijähriger Bauzeit fertiggestellt. Der Panzer ist fahrbereit und hat seine Geländegängigkeit unter Beweis gestellt. Wie ich von dem Erbauer erfuhr, wurden inzwischen sechs weitere Modelle im Maßstab 1:5 gefertigt, die in verschiedenen Baustufen, die von einer rollfähigen Wanne bis hin zum komplett ausgestatteten Modell reichen, käuflich erworben werden können.

Abmessungen des Modells

Länge:	**1180 mm**
Breite:	**580 mm**
Höhe:	**520 mm**

Herr **Klaus Wehler, Planckstraße 32, 29221 Celle**, baute ein Modell des Panzerkampfwagens III im Maßstab 1:10. Hier sein Bericht:

„Vor vielen Jahren bekam ich einige Teile angeboten, aus denen ein Modell des Panzerkampfwagens III der ehemaligen Deutschen Wehrmacht entstehen sollte. Da ein solches Modell damals und wohl auch heute noch in diesem Maßstab ziemlich selten ist, griff ich zu.

Eine große Anzahl schon fertiger Teile musste ich komplett erneuern oder zumindest verbessern, weil daraus sonst niemals ein funktionstüchtiges Modell entstanden wäre. Die Wanne und der Turm bestehen aus Messing. Messing ist für mich ein sympathisches Material, es kommt noch vor Aluminium. Man kann Messing durch Löten gut verbinden, einigermaßen haltbare Gewinde schneiden und es verformen. Das etwas größere Eigengewicht kann man meiner Meinung nach hinnehmen.

Zunächst zur Wanne. Sie besteht bei diesem Modell aus zwei Teilen, der Unterwanne, bestehend aus Seitenteilen, Bug- und Heckblech sowie angeschraubten Kotflügeln und der Oberwanne, die demzufolge nur ein flaches Teil ist, das über die Seitenteile gelegt wird. Sie wurde so passend gearbeitet, dass sie satt aufliegt und nicht verschraubt werden muss.

Bei der Unterwanne wurden zunächst alle falschen und unbrauchbaren Teile entfernt und die entstandenen Löcher verschlossen. Das Bugblech wurde maßstäblich auf die richtige Stärke aufgedickt. Das war nötig, weil die Oberwanne später nicht über das untere Bugblech ragte sondern dagegen, wobei dann die Blechstärke sichtbar wird. Am Heckblech wurde an dem überragenden Teil, dem Bürzel, ebenfalls eine Verstärkung angebracht und unterhalb zwei Öffnungen für die Lüfterklappen eingearbeitet. Die Lüfterklappen wurden identisch nachgearbeitet, aber im verschlossenen Zustand angebaut, ohne die Möglichkeit, sie zu öffnen. Links und rechts des Heckblechs ist je eine doppelte Abschleppöse angebracht, die in einer Einheit mit dem Kettenspanner angefertigt wurde. Mit dem Kettenspanner kann, wie beim Original, die Kette mittels eines Schraubenschlüssels gespannt werden.

Im Innenteil der Unterwanne wurde links und rechts der Seitenbleche im Abstand von 2,5 cm je ein Winkelstück über die gesamte Länge auf den Wannenboden geschraubt. Diese Winkelstücke dienen zur Abstützung der Drehstabfedern und als Lager für die Schwingarme. Ich habe sie nach einem von mir angefertigten Muster aus Messing gießen lassen. An beiden Seiten des Schwingarms wurden Halterungen für die Stoßdämpfer angelötet, die ebenfalls mitgegossen wurden. So brauchte ich nur die nicht benötigten Halterungen abzusägen und konnte die Schwingarme für die linke und auch die rechte Seite benutzen. Außerdem hatte ich an den Schwingarmen die Achse angebracht, die dann in die entsprechenden Bohrungen in die Wanne und Winkel geschoben wurden. In diese Achse und in die Schwingarmachse hatte ich schon vorher Bohrungen gesetzt, so dass ich sie nach dem Gießen nur noch entsprechend aufzubohren brauchte. Die Bohrungen in den Achsen wurden mit M3- Gewinden versehen, an denen die Laufrollen verschraubt werden. In das Lager hatte ich zwei Bohrungen

Bild 2.1.9 Modell des Panzerkampfwagens III von Herrn Wehler

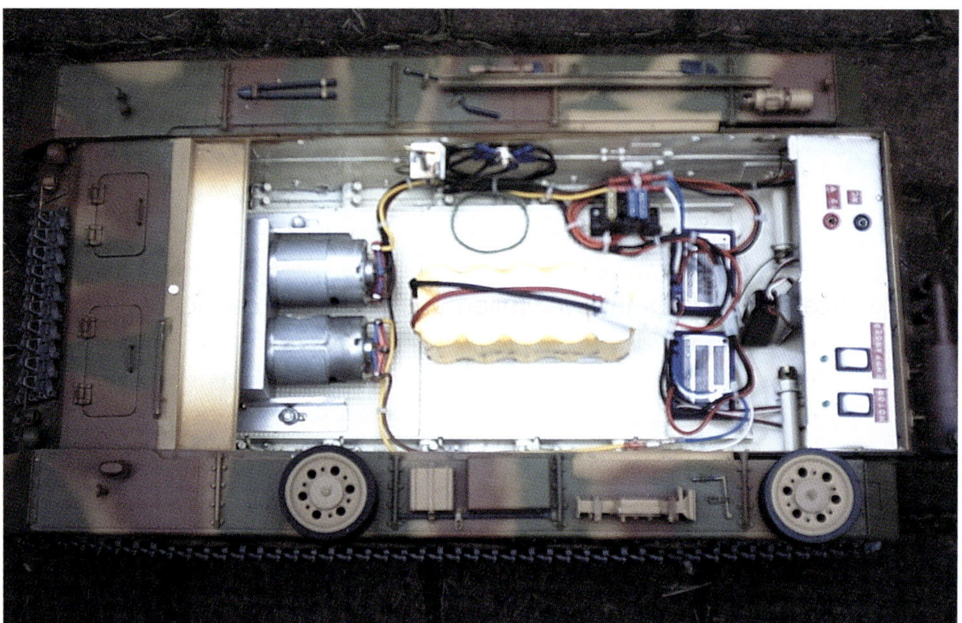

Bild 2.1.10 Blick in die Wanne bei abgenommenem Oberteil

gesetzt, die ebenfalls für zwei M3-Gewinde vorgesehen waren. Hiermit kann man dann in der längs durch das Lager verlaufenden Bohrung den Drehstab befestigen. Die Drehstäbe sind aus verschieden starken Federstählen gefertigt. Die beiden vorderen und hinteren Drehstäbe haben einen Durchmesser von 2,5 mm, die beiden mittleren von 2 mm. Der erste und letzte Schwingarm ist mit je einem funktionsfähigen Stoßdämpfer versehen, so dass das Fahrwerk butterweich fährt und die Laufrollen gut ausschwingen. Laufrollen und Leitrad sind aus Aluminium gegossen. Beim Abdrehen der Laufrollen habe ich den Fehler gemacht, die Auflagefläche für die Gummis komplett abzudrehen. Tatsächlich musste ja innen eine kleine Wange stehen bleiben, die an den Führungszähnen der Kettenglieder anliegt. Also musste ich mir unendlich viele Ringe ausschneiden und sie nachträglich anbringen. Die Bohrungen in den Laufrollen habe ich nachgearbeitet und dann die einzelnen Hälften zusammengeklebt. Dazu hatte ich die Bohrung für die Schwingarmachse auf 10 mm aufgebohrt. Danach wurde in diese Bohrung, nachdem die beiden Laufrollenhälften vereinigt waren, ein 10 mm starkes Aluminiumrohr eingeklebt, das etwas kürzer war als die Bohrung. Genau gesagt blieben auf beiden Seiten 4 mm ausgespart. Da hinein kamen dann die Kugellager. Zur zusätzlichen Versteifung der beiden Laufrollenteile wurden noch die beim Original vorhandenen Querrohre eingeklebt. So sind die Laufrollen stabil verbunden und können die Last des Modells beim Fahren im Gelände gut verkraften.

Selbstverständlich wurden auch die Leiträder mit Kugellagern ausgestattet. Ich würde nie mehr bei einem Modell auf Kugellager verzichten. Das bisschen Mehrarbeit zahlt sich später beim Fahrbetrieb aus. Etwa auf halber Länge der Schwingarme wurden gummibewehrte Anschläge an der Wanne befestigt, so dass wie beim Original die Schwingarme nur begrenzt ausschlagen und nicht die Drehstäbe überstrapazieren können. Die Stützrollen laufen auch auf Kugellagern. Das ist vielleicht etwas üppig, aber da ich gerne schwere Ketten benutze, kann das auch von Vorteil sein. Die Antriebskränze sind jeweils in zwei Teilen aus Aluminium gegossen, zusammengefügt und auf eine 10 mm starke Welle aufgeschrumpft. Um die Welle und das Kugellager zu schützen, habe ich dem Original entsprechend je eine Glocke aus Messing zusammengelötet, die in den Antriebskranz hineinragt und die oben beschriebenen Teile vor Schmutz schützt.

Die Ketten habe ich mir nach einem von mir bearbeiteten Musterglied aus Neusilber gießen lassen. Ich habe die so genannte leichte Kette gewählt, also die mit durchbrochenem Führungszahn. Die ganze Kette ist jedoch recht schwer, liegt dadurch aber perfekt.

Am unteren Bugblech wurde eine Halterung für Reservekettenglieder angebracht, am Heckblech in der Mitte noch eine kleine Abschleppöse. Die Kotflügel und Seitenbleche habe ich über die gesamte Länge der Unterwanne mit kleinen Winkeln angeschraubt. Die eigentlichen Halterungen auf dem Blech sind nur aufgeschraubt, aber natürlich nicht mit der Oberwanne verbunden. Die vorderen und hinteren abgewinkelten Teile der Kotflügel wurden mit winzigen Scharnieren beweglich gemacht, die vorderen werden mit einer kleinen Feder in Position gehalten. Die hinteren Teile würden im hochgeklappten Zustand das Rücklicht und das Kolonnenfahrlicht verdecken. Also habe ich wie beim Original Öffnungen hineingeschnitten. Die Öffnungen werden im heruntergeklappten Zustand durch kleine Bleche am Kotflügel verdeckt.

Auf den Kotflügeln sind die üblichen Ausrüstungsteile wie Wagenheber, Werkzeugkiste, Brechstange, Anlasskurbel, Lampen, Hupe, Notleuchte, Reservelaufrollen, Spaten, Beil, Drahtschere und Feuerlöscher untergebracht. All diese Ausrüstungsteile habe ich selbst gebaut. Der Wagenheber kann aus der Halterung genommen werden, indem die selbst gefertigten Flügelmuttern abgeschraubt werden. Für die Funkantenne, die wie beim Original herunterzuklappen ist, habe ich einen Holzkasten gebaut, der mit drei Halterungen auf dem rechten Kotflügel aufgeschraubt ist.

Die Oberwanne besteht aus dem kleineren Teil des Panzerkastens. Hier musste ich eine ganze Menge Arbeit investieren, um zunächst falsche oder schlecht gearbeitete Teile zu ersetzen. Sämtliche Luken, vorne wie hinten, waren einfache Messingbleche mit aufgelöteten Platten. Ich habe die Öffnungen in der Oberwanne sauber nachgearbeitet und an der Unterkante mit schmal überstehenden Blechen unterfüttert, so dass die neuen Luken aufliegen können. Die vorderen Luken waren unkompliziert, die hinteren dagegen hatten noch einen Aufbau mit Lufteinlass. In die Luken wurden entsprechende Öffnungen geschnitten, der Aufbau mit Distanzstücken aufgesetzt und drinnen die Drahtgitter eingesetzt. Die Öffnungen haben auch den Vorteil, dass das Motorgeräusch nach draußen dringen kann. Um die Luken öffnen zu können, was auch sein musste, da ich unter den beiden hinteren die Schalter und Ladebuchsen untergebracht habe, mussten auch dem Original entsprechende Scharniere her. Insgesamt waren es 12 identische Scharniere. Zunächst fing ich an, die Scharniere zurecht zu feilen. Aber wie das eben bei Handarbeit ist, gibt es immer winzige Unterschiede. Also habe ich ein Paar sauber bearbeitet und sie als Musterteile zum Gießer geschickt, der mir die Teile aus Messing gegossen hat. Manch einer wird nun sagen, dass durch so etwas die Kosten doch wohl etwas arg ansteigen. Eigentlich ist das richtig, aber bei diesem Hobby wird man irgendwann zum Schräubchenzähler, da muss dann möglichst jedes Detail stimmen.

Seitlich vom Motorraum ist jeweils ein Auslass für die Motorabluft angebracht. Diese Teile musste ich komplett erneuern. Sie wurden aus Messing gebogen und gelötet und nach oben hin mit einem Drahtgitter abgedichtet. Beim Original waren auf der Oberwanne diverse Haken zum Anheben befestigt. Diese habe ich in mühevoller Handarbeit aus einem Messing-T-Profil gefeilt und mit winzigen Schräubchen aufgeschraubt. An der Vorderfront wurde die Zusatzpanzerung angeschraubt und an der Wannenschräge vorne eine weitere Halterung für Reservekettenglieder angebracht. Hinten wurde in entsprechenden Halterungen der Auspufftopf mit seinen Krümmern angeschraubt. Zuletzt habe ich zwei Abschleppseile in die zu öffnenden Halterungen auf dem Heck um die hinteren Luken herum angebracht. Die Antenne an der rechten Wannenseite ist wie beim Original in den Holzkasten zurück zu klappen und dient auch als RC-Antenne.

Den Turm musste ich nicht so intensiv bearbeiten. Die Blende habe ich in der Form dem Original angepasst. Beiderseits des Turms wurden die Abschussbecher für Nebelkörper mit elektrischem Anschluss für die Zündung installiert, die Kommandantenkuppel komplett neu angefertigt. Die vorhandene „Rommelkiste“ hinten am Turm musste ich abnehmen und grundlegend neu gestalten. Der Deckel ist jetzt zu öffnen und mit kleinen Schnappverschlüssen versehen. An den Seiten der Kiste habe ich Holzleisten angebracht, die beim Drehen des Turms die Antenne abweisen.

Der Antrieb erfolgt über zwei 12-Volt-Elektromotoren mit vorgesetzten Getrieben. Als Spannungsquelle für beide Motoren und für den Empfänger dient ein 12-Volt-Akkupack, das Gewicht des fertigen Modells beträgt 16 kg.“

Herr **Eduard Hermann, Am Anger 2A, 31061 Alfeld/Leine**, fertigt die Panzerkampfwagen I, II und IV und andere Panzertypen der ehemaligen Deutschen Wehrmacht in den Maßstäben 1:10 und 1:8. Die Modelle werden entweder als Fertigmodelle oder als Bausatz ausgeliefert. Folgende Modelle werden angeboten:

1. Panzerkampfwagen IV in den Maßstäben 1:10 und 1:8
2. Panzerkampfwagen TIGER I im Maßstab 1:10
3. PANTHER im Maßstab 1:10
4. Jagdpanzer IV im Maßstab 1:10
5. Sturmgeschütz in den Maßstäben 1:10 und 1:8
6. BRUMMBÄR im Maßstab 1:10

Bilder 2.1.11 und 2.1.12 *Bausatzmodell des Panzerkampfwagens I von Herrn Hermann, Modell im Rohbau noch ohne Farbanstrich*

Bild 2.1.13 Die Antriebsanlage des Modells

Alle Modelle sind aus Aluminium gefertigt und werden gekantet, geschraubt und genietet. Die Standardausführung der Modelle beinhaltet Laufrollen auf Wippe, Laufrollen auf Druckfeder, Antriebsketten und Hauptantrieb mit Getriebemotor der Firma Dunker. Ferner einen Getriebemotor für das Turmdrehen um 360° über einen außen verzahnten Zahnkranz. Alle Drehteile sind ebenfalls aus Aluminium gefertigt. Wannenaufbau, Turmaufbau und Turmunterbau bestehen aus 2 mm starkem Aluminiumblech.

Die vorderen Antriebskränze sind 8-fach kugelgelagert. Laufrollen, Stützrollen und Leiträder sind gleitgelagert, alternativ auch kugelgelagert erhältlich.

Das Heben und Senken der Kanone erfolgt über eine Trapezgewindespindel mit Getriebemotor, die Ketten sind aus Reinzink im Schleudergussverfahren in Eigenherstellung gefertigt. Mitgeliefert werden zwei Scheinwerfer, Beschlagteile, ein Schraubensortiment, Inbusschlüssel sowie Öl und Getriebefett.

Die Bausätze werden in verschiedenen Variationen angeboten, entweder Bausatz mit Motoren und Werkzeug, Grundausstattung ungespachtelt, unlackiert oder Grundausstattung gespachtelt, grundiert und lackiert. Zum Fertigmodell wird die RC-Anlage mitgeliefert.

Abbildungen vom Modell TIGER sind im Kapitel 2.2 und Abbildungen vom Modell PANTHER im Kapitel 2.4 zu sehen.

2.2 Panzerkampfwagen TIGER

Wie kaum ein anderer deutscher Panzer wurde der TIGER schon während seines Einsatzes zur Legende. Seine starke Panzerung und die überlegene Bewaffnung mit einer 8,8-cm-Kanone waren die hervorstechendsten Leistungsmerkmale. Nachteilig bemerkbar machte sich seine geringe Beweglichkeit. Die Wanne des TIGER war eine einfache Schweißkonstruktion mit aufgeschweißtem Aufbau. Eine vorn 100 mm und seitlich 80 mm starke Panzerung schützte die Besatzung. Um die Herstellung des Panzers einfach zu gestalten, wurde die Wanne kastenförmig gestaltet. Der Turmantrieb erfolgte hydraulisch vom Hauptmotor aus, was zur Folge hatte, dass der Turm von Hand gedreht werden musste, wenn der Motor nicht lief. Gegen Ende 1943 wurde der Antriebsmotor gegen einen etwas stärkeren ausgetauscht. Wegen des stark untersetzten Antriebs war die Höchstgeschwindigkeit gering, sie betrug auf der Straße nur 38 km/h. Erstmals beim deutschen Panzerbau hatte der TIGER überlappende Laufräder. Im Turm war es sehr eng, wenn die Gesamtmenge von 92 Granaten geladen war.

Durch den Umbau alter TIGER-Fahrgestelle entstand der STURMTIGER, der mit einem 38-cm-Raketenwerfer ausgerüstet war. Dieser wurde nur in geringer Stückzahl gebaut.

Technische Daten

Länge:	**8,28 m**
Breite:	**3,73 m**
Höhe:	**2,85 m**
Gewicht:	**55 t**
Panzerung:	**26 bis 110 mm**
Motorleistung:	**700 PS**
Geschwindigkeit:	**38 km/h, im Gelände: 20 km/h**
Steigfähigkeit:	**35°**
Besatzung:	**5 Mann**
Bewaffnung:	**1 - 8,8 cm-Kanone, 2 - MG 7,92 mm**

Wie im Kapitel 2.1 erwähnt, baut Herr **Herrmann** u.a. den TIGER im Maßstab 1:10 und bringt von diesem Modell einen Bausatz heraus. Als Material wird ausschließlich Aluminium verwendet, die Teile sind gekantet und werden verschraubt und genietet. Der Standardbausatz beinhaltet neben der

Ansicht schräge von oben

Bilder 2.2.1 und 2.2.2 Baukastenmodell TIGER im Maßstab 1:10 von Herrn Hermann

Wanne und dem Aufbau die Laufräder, Antriebskränze, Leiträder, Ketten sowie den Hauptantrieb mit Getriebemotor der Firma Dunker und den Getriebemotor zum Turmdrehen. Alle Drehteile sind ebenfalls aus Aluminium gefertigt.

Bild 2.2.3 Blick auf das Heck mit der Auspuffanlage

Bild 2.2.4 Antriebskranz mit Kette

Ein TIGER-Modell im Maßstab 1:10 baute auch Herr **Olaf Hackbarth, Feldmannhof 8, 30419 Hannover**.

Bilder 2.2.5 und 2.2.6 TIGER-Modell im Maßstab 1:10 von Herrn Hackbarth

2.3 Panzerkampfwagen KÖNIGSTIGER

Kaum war der TIGER in Dienst gestellt, da forderte die deutsche Heeresleitung einen noch stärkeren und größeren Panzer. So entstand der KÖNIGSTIGER. Er war ein massiges und kampfstarkes Fahrzeug, das im Kampfwert allen damaligen Panzern überlegen war. Diese Überlegenheit wurde jedoch mit hohem Gewicht, geringer Beweglichkeit, hohem Bodendruck und geringer Wendigkeit bezahlt. Die Wanne war ebenfalls geschweißt, doch hatte sie eine bessere Abschrägung. Der Entwurf der Wanne entsprach der Konstruktion des PANTHER. In dem geräumigen Turm des KÖNIGSTIGER ragte die Kanone weit ins Innere nach hinten. Es konnten 78 Schuss Munition verstaut werden. Die lange 8,8-cm-Kanone war der Bewaffnung fast aller alliierten Panzer überlegen, so dass sich der KÖNIGSTIGER seine Ziele in großer Entfernung aussuchen konnte.

Der schwerste im 2. Weltkrieg eingesetzte Panzer war der JAGDTIGER mit einer 12,8-cm-Kanone und einem Gewicht von 72 t. Wegen des Gewichtes der Kanone wurde der Panzer als Selbstfahrlafette gebaut, der Turm war also nicht mehr drehbar ausgeführt, wie beim KÖNIGSTIGER. Eine Granate des Kalibers 12,8 cm wog 28,3 kg und hatte auf große Entfernungen eine höhere Durchschlagskraft. 38 Schuss Munition konnten mitgeführt werden. Das Fahrgestell glich dem des KÖNIGSTIGER, war jedoch um 250 mm verlängert worden. Darauf saß der große, an den Seiten stark abgeschrägte Aufbau. Wegen des großen Gewichts waren Motor und Getriebe überlastet.

Technische Daten KÖNIGSTIGER

Länge:	**7,25 m**
Breite:	**4,72 m**
Höhe:	**3,27 m**
Gewicht:	**69,4 t**
Panzerung:	**40 bis 185 mm**
Motorleistung:	**600 PS**
Geschwindigkeit:	**38 km/h, im Gelände: 17 km/h**
Steigfähigkeit:	**35°**
Besatzung:	**5 Mann**
Bewaffnung:	**1 - 8,8 cm-Kanone, 2 - MG 7,92 mm**

Technische Daten JAGDTIGER

Länge:	**7,8 m**
Breite:	**4,72 m**
Höhe:	**2,83 m**
Gewicht:	**71,7 t**
Penzerung:	**30 bis 250 mm**
Motorleistung:	**700 PS**
Geschwindigkeit:	**38 km/h, im Gelände: 17 km/h**
Steigfähigkeit:	**35°**
Besatzung:	**6 Mann**
Bewaffnung:	**1- 12,8 cm-Kanone, 1 - MG 7,92 mm**

Herr **Reinhard Papenfuß, Puchheimer Straße 9, 85221 Dachau**, baute seit einigen Jahren an zwei Modellen des legendären Panzers KÖNIGSTIGER im Maßstab 1: 6,66. Hier sein ausführlicher Baubericht:

„Nachdem ich viele Jahre lang Militärmodelle aus Plastik gebaut hatte, beschloss ich, mich einmal an einem Metallmodell zu versuchen. Ich wählte den KÖNIGSTIGER im Maßstab 1:10. Vom Bundesmilitärarchiv bekam ich Übersichtszeichnungen, fehlende Maße holte ich mir von den in Europa noch verbliebenen Originalen.

Obwohl ich Wanne, Turm und Laufwerk weitgehend fertiggestellt hatte, brach ich den Nachbau ab, da ich die Kettenglieder nicht in der gewünschten Genauigkeit gießen lassen konnte. Notgedrungen begann ich größer zu bauen, so entstand der Maßstab 1:6,66. Zu diesem „krummen" Maßstab kam ich, da ich 50% größer als im Maßstab 1:10 bauen wollte. Damals wurde ich von einem Bekannten gefragt, ob ich nicht gleichzeitig ein zweites Modell für ihn bauen wollte. Ich sagte zu und rechnete damals mit einer Bauzeit von zwei bis drei Jahren. Es sollte jedoch anders kommen. Voller Begeisterung machte ich mich ans Werk. Ausgerüstet war ich mit einer Drehbank und einer kleinen Bohr-/Fräsmaschine der Firma EMCO. Technische Ausbildung hatte ich keine, mein Wissen bezog ich aus einer „Anleitung für Hilfsdreher" aus dem Jahre 1944 und einigen Ratschlägen meines Onkels. Aus Erfahrung klug geworden, begann ich zunächst mit den Kettengliedern. Das Urmodell mit Zähnen wurde aus 32 verschiedenen Messingteilen, das Zwischenglied aus 15 Teilen zusammengelötet und danach von einer Gießerei in jeweils 200 Exemplaren aus zäher (abriebfester) Bronze gegossen. Danach musste jedes Glied geradegebogen, entgratet

Bild 2.3.1 KÖNIGSTIGER-Modell im Maßstab 1:6,66 von Herrn Papenfuß im Bau

Bild 2.3.2 Das 125 kg wiegende, fertige KÖNIGSTIGER-Modell von Herrn Papenfuß

und gebohrt werden. Hierfür wurden zwei Bohrlehren benötigt. Die Kettenbolzen ließ ich von einer Fachfirma anfertigen, die Sicherungsringe drehte ich selbst. Beide Ketten einschließlich der Reservekettenglieder wiegen zusammen 25,5 kg. Die Grundkörper für die Antriebskränze wurden aus einem gedrehten und einem aus Bronze gegossenen, fünfspeichigen Teil mit Hartlot verlötet. Die Zahnkränze selber stellte ich mittels Laserschnitt her, die Werkstücke wurden aus Werkzeugstahl im spanabhebenden Verfahren bearbeitet und anschließend gehärtet. Die Hutschrauben entstanden aus Sechskantmaterial.

Zur Herstellung des Leitrades fertigte ich drei verschiedene Profilringe aus Hart-PVC an, davon wurden Abgüsse aus Bronze hergestellt. Die Ringe wurden mit dem Hauptkörper aus Messing verlötet. Ursprünglich wollte ich die Laufräder vorbildgetreu nachbauen und hatte dafür bereits die entsprechenden Scheiben drücken lassen. Da ich befürchtete, dass die maßstabsgerechten Schrauben, mit denen die Scheiben verbunden sind, der zu erwartenden Fahrbelastung nicht standhalten würden, fertigte ich je ein Urmodell von Laufrad, Nabe und Nabenkappe an und ließ alles aus Aluminium gießen. Nach längerer Suche fand ich die Schrauben nebst Muttern mit passender Schlüsselweite. Diese sicherte ich mit Sicherungsblechen, die genau so wie die Sicherungen für Antriebskranz und Leitrad sowie Wartungsdeckel am Fahrzeugheck aus Messingblech geätzt waren. Auch die Schmiernippel an den Kappen bildete ich nach.

Aus Stabilitätsgründen fertigte ich die Unterwanne aus 5-mm-, die Seitenteile der Oberwanne aus 2-mm-Eisenblech an. Die obere Front, das Heck und die Wannendecke entstanden aus 5 mm starken Aluminiumblechen. Die Schweißarbeiten machten ein stabiles und aufwändig gearbeitetes Holzgerüst notwendig, an dem die Einzelteile befestigt waren. In die obere Front ließ ich die halbkugelförmige MG-Blende ein, das MG selbst entstand aus Messing und ist in der Kugelblende drehbar gelagert. Den Scheinwerferfuß goss ich aus Reinzinn, der Scheinwerfer entstand aus Aluminium, die Abdeckkappe zog ich aus Plastikfolie tief. Die Lukendeckel für Fahrer und Funker lassen sich nach vorherigem Anheben aufschwenken, die Verriegelung baute ich nach. Sicherungen halten die geöffneten Deckel fest. Sowohl für den Fahrer als auch für den Funker baute ich die Winkelspiegel nach.

Nach dem Bau der Urmodelle von Rund- und Rechteckgrätings aus Hart-PVC wurden diese aus Aluminium gegossen. Der Motordeckel ist mit Scharnieren, den beiden halbkugelförmigen Lüfterstutzen und drei Verriegelungen versehen. Die Deckel von Wasser- und Kraftstoffeinfüllstutzen lassen sich mittels Vierkantschlüssel öffnen. Die Auspuffkrümmer stellten wegen ihrer komplizierten Form hohe Anforderungen an mein Geschick. Sie wurden genau so wie deren Panzerschutz gegossen, die Endrohre bog ich aus Kupferrohr. Alle Anbauteile am Heck sind an Stehbolzen befestigt. Dies sind der Deckel für den Schwungkraftanlasser, den Benzinanlasser und die Anheizvorrichtung. Nach dem Abnehmen der Deckel für die Leitradverstellung kann die Leitradkurbel mit Hilfe eines Sechskantschlüssels bewegt werden.

In vorbildgetreu nachgebauten Halterungen werden Vorschlaghammer, Axt, Bolzenschneider, Feuerlöscher, Schaufel, Andrehkurbel, Brechstange und Seil zum Kettenaufziehen sowie die Winde mit Holzunterlage und C-Haken befestigt. Für einige der Halterungen ließ ich mir kleine Flügelmuttern gießen. Vier extra angefertigte Schäkel vervollständigen die Ausrüstung.

Da ich lange Zeit nicht wusste, wie schwer Wanne, Turm und Antrieb werden würden, beschloss ich, Druckfedern anstelle von Drehstabfedern einzubauen. Deren Federwirkung kann ich durch Beilegen von Scheiben, Verkürzen der Federn oder kompletten Austausch verändern. Die ersten beiden Schwingarme sind mit Doppelstoßdämpfern versehen und genau wie die beiden letzten verstärkt ausgeführt. Ich habe vorgesehen, dass nach dem Lösen der sechs Schrauben, dem Trennen der Ölzufuhr zu den Hydraulikmotoren und Abklemmen der Auspuffrohre, der Wannenboden mitsamt den Antriebselementen herausgenommen werden kann. Die Ketten- und Leitradabdeckbleche, letztere aufklappbar, vervollständigen die Wanne.

Den Turm baute ich zunächst aus Sperrholz. Darüber modellierte ich eine Art „Haut“ aus Holzfurnier und glasfaserverstärktem Kunststoff. Diese „Haut“ hob ich nun vom Kern ab und ließ mir das Gehäuse in Sandguss gießen. Danach arbeitete ich die Durchbrüche für Kommandantenkuppel, Ladeschützenluke, Lüfter, Hülsenauswurf und Heckluke ein. Sowohl der Ladeschützen- als auch der hintere Heckdeckel sind mit vorbildgetreuen Verriegelungen versehen und können federunterstützt geöffnet werden. In die Kommandantenkuppel habe ich Winkelspiegelattrappen eingebaut, auf dem Ring befindet sich eine Fla-MG-Lafette. Die Kanone wird über ein Spindelgetriebe gerichtet, der Turm mittels eines stark untersetzten Elektromotors gedreht. Er ruht auf einem dreidimensionalen Radlager.

Die Konstruktion des Antriebes gestaltete sich für mich als Laien noch schwieriger als der Bau des Fahrzeuges, da ich nicht auf das Geräusch eines Viertakters und auf Abgasbildung verzichten wollte. Damals, das heißt Mitte der 80er-Jahre, erschien es mir auch nicht möglich, ein Modell, dessen Gewicht ich auf mehr als 80 kg schätzte, rein elektrisch anzutreiben.

Bild 2.3.3 Turm abgenommen, Lukendeckel geöffnet

Bild 2.3.4 Der Turm noch ohne Lackierung

Bild 2.3.5
Der Antrieb des Modells vor dem Einbau in die Wanne

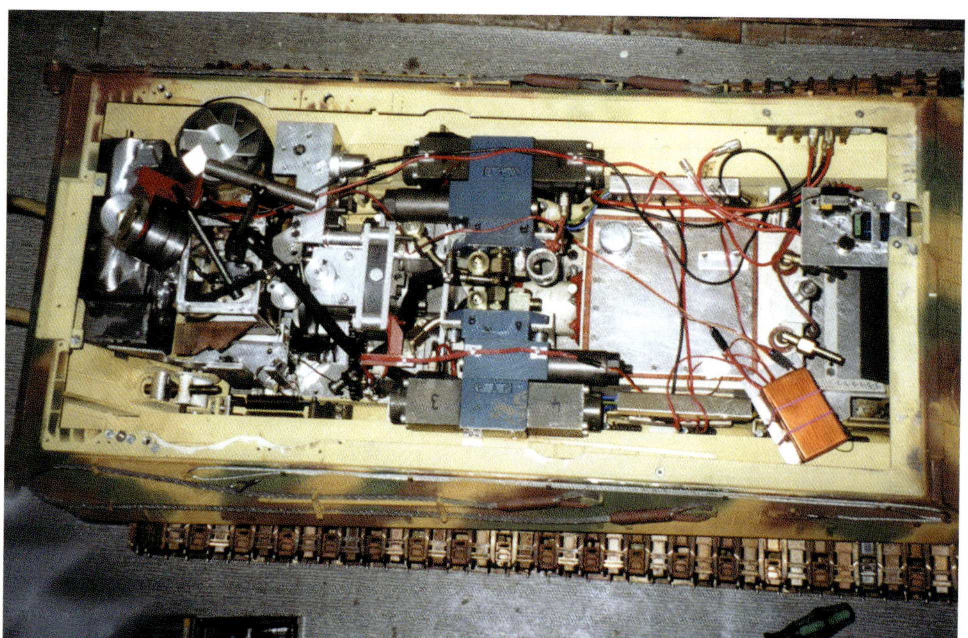

Bild 2.3.6 Blick in die Wanne bei abgenommenem Oberteil

Da ich mir den Bau eines aufwändigen Schalt- und Lenkgetriebes nicht zutraute, ging ich auf den Ratschlag eines Bekannten ein, den Antrieb benzin-hydraulisch mit eigenen Ventilen pro Panzerkette zu gestalten.

Was war vor 20 Jahren nicht alles zu beachten: Wahl eines geeigneten Motors, soll er innerhalb oder außerhalb des Fahrzeuges gestartet werden. Wahl der geeigneten Kupplung, der Hydraulikteile in geeigneter Größe. Womit steuere ich deren Ventile an, wie kühle ich den Verbrennungsmotor und das Hydrauliköl, welche Hydraulikölmenge ist nötig, wie lagere ich den Motor schwingend, wie konstruiere ich den Schalldämpfer? Hinzu kam die Frage der Platzaufteilung, die nicht einfach zu lösen war.

Es kam dann zu folgender Lösung: Ein 15-cm^3-Viertaktmotor treibt über eine Fliehkraftkupplung, eine Untersetzung, zwei Ölpumpen und vier Hydraulikventile zwei Ölmotoren an. Der Verbrennungsmotor, der mittels eingebautem Elektrostarter angelassen werden kann, wird genau so wie das Hydrauliköl luftgekühlt. Große Probleme gab es zunächst, den fälschlicherweise mit dem Zylinder nach oben eingebauten Motor zuverlässig starten zu können. Auch die Fliehkraftkupplung musste oft überarbeitet werden, bis das richtige Backengewicht gefunden war. Da es sich um einen reinen Versuchsaufbau handelte, musste ich Teile davon unzählige Male zerlegen und zusammensetzen, manche Teile nach Versuchslauf-Verschleiß erneuern.

Nach mehrjähriger Bauzeit, dem Einholen von Berechnungen und wertvollen Ratschlägen, die meine Kraft weiter zu arbeiten oft für Wochen lähmten, gelang es mir schließlich, den Antrieb zu vervollständigen. Im Ergebnis kann das Modell mit stufenloser Geschwindigkeit vor und zurück in verschiedenen Kurvenradien gefahren werden, auch ein Drehen auf der Stelle ist möglich. Dafür müssen an der Fernsteuerung nur zwei Hebel betätigt werden.

Wenn ich heute zurückblicke, freue ich mich natürlich über meine beiden Modelle. In all den Jahren habe ich technisch viel dazu gelernt. Allerdings würde ich heute vieles anders machen. Vor allem würde ich versuchen, leichter zu bauen. Mein damals gestecktes Ziel, täglich zwei Stunden zu arbeiten, ließ sich nur anfangs verwirklichen. Ich erkannte auch, dass es mehr bedurfte, als nur ein Fahrzeug im verkleinerten Maßstab nachzubauen. Ohne gute Ratschläge von Spezialisten und ohne finanzielle Unterstützung meines Auftraggebers wäre diese Aufgabe nicht zu verwirklichen gewesen."

Technische Daten

Länge:	**154 cm**
Breite:	**57 cm**
Höhe:	**46,5 cm**
Gewicht:	**125 kg**

2.4 Panzerkampfwagen PANTHER

Der PANTHER war eine Weiterentwicklung des Panzerkampfwagens IV zum Panzerkampfwagen V. Die Entwürfe wurden im April 1942 vorgelegt, die ersten Erprobungsmuster im September ausgeliefert. Trotz der Leistungsfähigkeit des Prototyps wurden viele Änderungswünsche vorgetragen. Im Januar 1943 stand das erste Serienfahrzeug zur Verfügung. Ziel war es, 600 PANTHER im Monat zu bauen, doch es gab Schwierigkeiten mit dem Motor und dem Getriebe, die beide wegen des hohen Gewichtes überlastet waren. Der erste Einsatz des PANTHER erfolgte auf Befehl Hitlers im Juli 1943 bei Kursk. Dies erwies sich jedoch als Fehler, denn die meisten Panzer gingen dabei verloren. Die Wanne des PANTHER entsprach weitgehend der Standardform, der Turm war stark abgeschrägt und nach innen geneigt. Der Kommandant stand in der Kuppel, für den Fahrer war ein Periskop vorgesehen. Die überlappenden, durch Drehstäbe abgefederten Laufräder verliehen dem PANTHER die besten Laufeigenschaften von allen deutschen Panzern während des 2. Weltkrieges. Wenn allerdings Schnee zwischen die Laufrollen kam, der anschließend gefror, waren die Laufrollen blockiert, was im Winter in Russland häufig vorkam. Die Geschosse der langen 7,5-cm-Kanone durchschlugen auf 1000 Meter Entfernung Panzerungen bis 120 mm Stärke. Dadurch konnte der PANTHER auf weite Entfernungen alliierte Panzer angreifen, ohne selbst Schaden zu nehmen. Bis zum Kriegsende wurden 3000 PANTHER gebaut.

Technische Daten

Länge:	**6,68 m**
Breite:	**3,3 m**
Höhe:	**2,95 m**
Gewicht:	**44,8 t**
Antriebsleistung:	**700 PS**
Geschwindigkeit:	**48 km/h, im Gelände: 24 km/h**

Steigfähigkeit:	**35°**
Besatzung:	**5 Mann**
Bewaffnung:	**1-7,5 cm-Kanone, 2-MG 7,92 mm**

Anlässlich eines Besuches bei der INTERMODELLBAU in Dortmund sah Herr **Steffen Urban, Werner von Siemens-Str. 4, 37077 Göttingen**, einige Panzermodelle, die im Maßstab 1:8 gebaut waren. Davon waren er und sein Sohn Ronny so begeistert, dass Sie sich entschlossen, auch ein solches Modell zu bauen. Die Wahl fiel auf den PANTHER Ausführung G im Maßstab 1:5. Hier sein Bericht:

„Die Wanne entstand aus 4 mm starkem Alu-Blech. Nachdem die Löcher für die Drehstabfedern der einzelnen Laufräder in die Wanne gebohrt waren, fertigten wir die Querstreben und die Halterungen für die Federn aus Aluminium. Die Lauf- und Leiträder wurden aus Aluminium gedreht und jedes Rad mit einem Kugellager versehen. Die Anttriebskränze bestehen aus 3,5-mm-Edelstahl. Die ersten drei Kettenglieder feilten wir aus Vollmaterial (Alu). Der Arbeitsaufwand dafür betrug ca. zwei Wochen, doch es hat sich gelohnt. Mein Bekannter, der in einer Feinmechanikerwerkstatt

Bild 2.4.1 PANTHER-Modell im Maßstab 1:5 von Herrn Urban im Bau

Bild 2.4.2 Das fertige Modell

Bild 2.4.3 Die Wanne mit montierten Laufrädern

Bild 2.4.4 Das Heck des im Bau befindlichen Modells

arbeitet, scannte dann die drei Kettenglieder und fräste dann die weiteren. Danach begann die Montage der Kettenglieder, insgesamt 200 Stück, die mit 3,2-mm-V4A-Draht verbunden wurden. Als dann die fertigen Ketten aufgezogen und die Leiträder mit starken Federn ausgestattet waren, begann eine „Probefahrt“ per Hand, bei der alles funktionierte.

Das Oberteil wurde nun gekantet, verschweißt und angepasst. Der Turm dreht sich auf einem Kugellager mit einem Durchmesser von 300 mm. So etwas Ausgefallenes war natürlich im Handel nicht erhältlich. Mein Sohn drehte daher ein solches Lager aus zwei Teilen und setzte es mit Stahlkugeln zusammen. Der Turm und die Walzenblende wurden aus 4-mm-Aluminium hergestellt, das Kanonenrohr ist ein Drehteil. Alle Beschläge, die Auspuffanlage, Staukästen und Klappen sind ebenfalls aus Alu entstanden. Die Kommandantenkuppel wurde aus Alu gedreht und mit einem Deckel versehen. Die Maschinengewehre sind aus Messing gedreht und durchbohrt, der Kühlmantel aus Rohrmaterial gefertigt.

Da wir schon Vorgelege in den Antriebskränzen außerhalb der Wanne eingebaut hatten, begannen nun die Experimente mit den Antriebsmotoren und Getrieben. Der Panzer sollte mit zwei Verbrennungsmotoren ausgerüstet werden. Einige Erfahrungen hatten wir bereits mit RC-Cars im Maßstab 1:4 und 1:5 gesammelt. Von mehreren Bekannten wurde uns aber abgeraten Verbrennungsmotoren einzusetzen, da man dann auf Ausstellungen nicht in den Hallen fahren darf. Da unser Modell jedoch ein Gewicht von 150 kg auf die Waage bringt, waren Bosch- und Dunkermotoren (12 Volt) nicht in der Lage, das Modell zu unserer Zufriedenheit zu bewegen. Z.Zt. bauen wir gerade zwei 24-Volt-Scheibenwischermotoren von Caterpillar ein. Diese besitzen Winkelgetriebe mit einer Untersetzung von 2:1 bei 59 Umdrehungen. Die Stromaufnahme beträgt 60 A.

Wäre noch zu erwähnen, dass wir zur Beratung einen 85-jährigen ehem. Panzersoldaten zur Seite hatten, der uns viele Ratschläge zu den Beschlagteilen geben konnte. Unsere Nachbarfirma, die Firma Beuse, ist ein Metallbaubetrieb, dank dem es uns möglich war, ein Modell in diesem Maßstab zu bauen. Dafür sind wir sehr dankbar."

Technische Daten

Länge:	**1,95 m**
Breite:	**0,70 m**
Höhe:	**0,65 m**
Gewicht:	**150 kg**

Ein weiteres PANTHER-Modell im Maßstab 1:6 baut z.Zt. gerade Herr **Thomas Benedini, Müllergasse 15, 52159 Roetgen**. Hier sein Bericht:

„Das Modell befindet sich z.Zt. noch im Rohbau. Das Wannenunterteil besteht aus verschraubtem 6-mm-Alublech und einem voll kugelgelagerten Drehstablaufwerk. Eine Besonderheit ist der Antrieb, der aus zwei vollkommen unabhängigen Antriebssträngen aufgebaut ist. Jeder Strang besteht aus einem Verbrennungsmotor, einer gesteuerten Variomatik und einem Umkehrgetriebe.

Die Motoren laufen mit Wasserkühlung, das Kühlmittel wird durch eine elektrische Pumpe zum Kühler befördert, der durch einen Elektrolüfter gekühlt wird. Gestartet werden beide Motoren mit einem Elektrohandstarter und Keilriemen, ähnlich wie es bei Booten üblich ist. Die Umkehrgetriebe wurden mittels Stirnzahnrädern realisiert. Über eine verschiebbare Schaltwelle erfolgt der Durchtrieb einmal über zwei oder drei Zahnräder, was zu einer Drehrichtungsumkehr führt.

Die Variomatik ist gesteuert ausgeführt, d.h. in der Antriebsscheibe befinden sich keine Fliehgewichte. Die Antriebsscheibe wird hier aktiv über einen servobetätigten Hebel verstellt. Somit lässt sich die Übersetzung

Bild 2.4.5 Fahrgestell mit eingebauten Motoren am PANTHER-Modell im Maßstab 1:6 von Herrn Benedini

Bild 2.4.6 Blick in die Wanne des PANTHER von Herrn Benedini

unabhängig von der Motordrehzahl je nach Wunsch verstellen. Weiterhin ist bei dieser Variante auch die Kupplung zum Motor hin mit integriert. Im Leerlauf sind die beiden Scheibenhälften der Antriebsscheibe so weit auseinander, dass der Riemen über ein Freilauflager auf der Welle liegt und an den Flanken nicht mehr von den Scheiben mitgenommen werden kann. Hierdurch ist der Motor ausgekuppelt."

Bild 2.4.7 Das Getriebe im Detail

Bild 2.4.8 Blick auf die beiden Verbrennungsmotoren

Technische Daten

Länge:	**100 cm**
Breite:	**50 cm**
Höhe:	**42 cm**
Gewicht:	**75 kg**
Kettenmaterial:	**Aluminium**
Kettenbreite:	**95 mm**
Antriebskranz-durchmesser:	**120 mm**
Geschwindigkeit:	**ca. 8 km/h**
Bordspannung:	**12 Volt**
Antrieb:	**2 x 31 cm³, 2-Takt, je 2,5 PS**
Gesamtuntersetzung, kleinste Fahrstufe:	**ca. 1:44**

Herr Benedini baute auch noch das Halbkettenfahrzeug MAULTIER im Maßstab 1:5.

Hier sein Bericht:

„Der Antrieb des Modells basiert auf einer handelsüblichen Lkw-Hinterachse mit Differential im Maßstab 1:8, die in der Breite verlängert wurde. Mit einer Getriebestufe von 6:1 zwischen Motor und Achse und einer Achsuntersetzung von 3:1 ergibt sich eine Gesamzuntersetzung von 18:1. Da der Kettenraddurchmesser mit 75 mm im Vergleich zum Raddurchmesser eines Lastkraftwagens im Maßstab 1:8 viel kleiner ist, wird die Achse nicht überlastet.

Die Vorderachse basiert ebenfalls auf einer handelsüblichen 1:8er-Achse, die verbreitert wurde und über Blattfedern am Rahmen befestigt ist.

Gelenkt wird ausschließlich über die Vorderräder, ohne jede weitere aktive Unterstützung durch Lenkbremsen o. Ä. an den Ketten. Dies funktioniert erstaunlich gut, auch im Gelände. Der Motor ist für 12 Volt Betriebsspannung ausgelegt, wird aber mit 24 Volt betrieben. Diese Spannung liegt allerdings im Normalfall nur relativ kurz im „Vollgasbetrieb“ an und ist daher für den Motor unschädlich.

Die elektronische Ausrüstung besteht aus einem Soundmodul mit synchronem Raucherzeuger zur Auspuffsimulation (www.benedini.de).

Bild 2.4.9 Halbkettenfahrzeug MAULTIER im Maßstab 1:5 von Herrn Benedini

Bild 2.4.10 Das Halbkettenfahrzeug im Gelände

Besonders zu erwähnen ist die Plane des Verdecks. Diese wurde aus einer Original- Zeltplane des Afrikacorps genäht und ist damit über 60 Jahre alt.“

Technische Daten

Länge:	**110 cm**
Breite:	**40 cm**
Höhe:	**48 cm**
Gewicht:	**39 kg**
Material:	**Aluminium und Holz**
Raddurchmesser:	**15 cm**
Kette:	**Zinkkette, 50 mm breit**
Kettenrad-durchmesser:	**75 mm**
Geschwindigkeit:	**ca. 7 km/h**
Bordspannung:	**24 Volt (Bleiakku)**
Antrieb:	**Bosch-Lüftermotor, 12 V / 100 W**

Zu diesem Fahrzeug gehört noch ein Nebelwerfer im Maßstab 1:5.

Technische Daten

Länge:	**70 cm**
Breite:	**35 cm**
Höhe:	**29 cm**
Raddurchmesser:	**15 cm**
Gewicht:	**2,8 kg**
Material:	**Aluminium und Kunststoff**

Die Räder des Werfers sind drehstabgefedert, die Lafette lässt sich auseinander ziehen.

Wie bereits im Abschnitt 2,1 erwähnt, baut Herr **Hermann** auch den PANTHER und bringt von dem Modell einen Bausatz im Maßstab 1:10 heraus. Abschließend hier noch einige Bilder von diesem Modell.

Bild 2.4.11 Das Kettenlaufwerk im Detail

Bild 2.4.12 Das Maultier dient als Zugmaschine für einen Nebelwerfer

Bild 2.4.13 PANTHER im Maßstab 1:10 aus einem Bausatz von Herrn Hermann

Bilder 2.4.14 bis 2.4.16 Detailansichten des Modells

2.5 Sonder-Kfz 251

Herr **Wolfgang Ebsen, Heidelerchenweg 61a, 22399 Hamburg, Tel. und Fax 040/606 30 88**, verspürte vor einigen Jahren den Wunsch, einmal ein besonderes Modell zu bauen. Im Internet fand er eine interessante Website, auf der etwas über große Panzermodelle in den Maßstäben 1:8 und 1:6 stand. Es handelte sich um die russische Firma Alex Shlakhter in Wolgograd, die verschiedene Panzermodelle als Fertigmodell liefert. Da Kettenfahrzeuge schon immer eine besondere Faszination auf Herrn Ebsen ausübten, bestellte er bei der Firma einen Schwimmpanzer im Maßstab 1:8. Einige Zeit später war Herr Ebsen Vertriebspartner dieser Firma für den deutschsprachigen Raum und ist es bis heute. Er macht die geschäftliche Abwicklung für diese russische Firma, die dann die Fertigmodelle direkt an die Kunden liefert. Anfragen daher bitte stets nur an Herrn Ebsen richten. Nachfolgend soll nun ein Modell dieser Firma vorgestellt werden, das Sonder-Kfz 251.

Die Entwicklung des Vorbildes begann im Jahr 1926. Deutschland war es auf Grund des Versailler Vertrages verboten, Vollketten-Panzer zu besitzen. Halbkettenfahrzeuge wurden von den Franzosen entwickelt, jedoch verfolgten weder sie noch die Engländer diese Idee weiter. Ganz anders in Deutschland. Hier erkannte man die Vorzüge solcher Fahrzeugtypen und trieb die Entwicklung voran. Nach vielen Versuchen entstand im Jahr 1930 auf der Basis eines von der Firma Hanomag gefertigten Fahrgestells ein Mannschaftstransportwagen, der die später typische Form aufwies. Der von der Firma Büssing-NAG gefertigte offene Panzeraufbau hatte eine Frontpanzerung von 14,5 mm und eine Seitenpanzerung von 8 mm. Ab 1939 hieß das Fahrzeug SdKfz 251 oder „Mittlerer Schützenpanzerwagen". Eigentlich handelt es sich bei dem Fahrzeug nicht um einen Halbkettenantrieb, sondern um einen Dreiviertelkettenantrieb, da die vorderen Räder zwar lenkbar waren, sie dienten jedoch nur als Stütze für die Frontpartie. Der Antrieb und die Lenkung erfolgten über das Kettenlaufwerk. Es verfügte über hydraulische Lenkbremsen, die auf den jeweiligen Lenkeinschlag der Vorderräder reagierten und die jeweilige Seite des Laufwerks abbremsten.

Angetrieben wurde das Fahrzeug durch einen Sechszylinder-Maybach-Motor mit einer Leistung von 74,6 kW bei 4,2 l Hubraum. Die Höchstgeschwindigkeit lag bei 50 km/h. Der Tank fasste 160 Liter. Die Reichweite betrug 320 km auf der Straße und 190 km im Gelände. Gebaut wurden über 16.000 Fahrzeuge in über 20 verschiedenen Ausführungen. So gab es Varianten als Befehlswagen, Granatwerfer, Flammenwerferwagen, Pioniergerätewagen und Sanitätswagen.

Bilder 2.5.1 und 2.5.2 Modell des Sonder-KFZ 251 im Maßstab 1:6, hier in der Ausführung als Sanitätsfahrzeug

Technische Daten des Sonder-Kfz 251

Länge:	**5,80 m**
Breite.	**2,11 m**
Höhe:	**1,75 m**

Nun kommen wir zum Fertigmodell im Maßstab 1:6. Alle Laufwerkteile wie Schwingarme, Federn, Antriebskränze, Laufrollen und Ketten bestehen aus Metall, die Kettenbolzen sind aus speziellem Kupfer gefertigt. Dies ist einzigartig an den Modellen, da es durch die Eigenschmierung des Kupfers fast keinen Abrieb gibt.

Als Antrieb kommt die bewährte Standardgetriebebox zum Einsatz: 16 Stahlzahnräder, alle kugelgelagert, sind in einem Aluminiumgehäuse untergebracht. Zwei gekapselte 120-W-Motoren treiben das Modell an. Die Getriebebox mit den Antriebsmotoren befindet sich in einer ca. 6-8 mm starken GfK-Wanne. Der Zugang zum Antrieb ist durch eine abnehmbare Frontabdeckung jederzeit möglich.

Laufrollen und Schwingarme sind ebenfalls kugelgelagert. Die Federung erfolgt durch Spezialfedern. Die Metallkette ist dem Original nachgebildet, eine Kettenspannvorrichtung ist im Fahrzeugheck angeordnet. Die Vorderachse ist pendelnd aufgehängt, die Räder werden über ein Jumbo-Servo gelenkt. Der gesamte Aufbau des Modells besteht aus GfK, Scheinwerfer, Rückspiegel, Scharniere, Abschlepphaken und Teile des Werkzeugkastens sind aus Metall gefertigt. Durch den kastenartigen Aufbau ist das Modell sehr verwindungssteif.

Ein herausnehmbarer Zwischenboden im Innenraum dient als Träger für die Sitzbänke und Frontsitze. Die Türen im Heck sowie die Motorklappe sind beweglich ausgeführt und werden mit Magnetschnäppern arretiert.

Das Modell kann auch mit einem RC-Board geliefert werden. Zur Fertigstellung sind dann nur noch der Empfänger, ein 12-Volt-Akku und zwei Lautsprecher einzubauen. Auf dem RC-Board sind die beiden Drehzahlsteller, ein Geräuschmodul, ein 2 x 20-W-Verstärker und ein V-Mischer bereits fertig eingebaut. Durch diese Komplettlösung konnten Störgeräusche, wie sie oft im Zusammenhang mit Drehzahlstellern und Verstärkern auftreten, ausgeschaltet werden. Es empfiehlt sich, die beiden Lautsprecher im Laufwerksbereich zu montieren. Durch die hohe Verstärkerleistung ist eine imposante Geräuschkulisse möglich.

Gefahren wird das Modell mit nur einem Knüppel der RC-Anlage. Am horizontalen Kanal wird das Lenkservo mit eingemischt, so dass das Modell über die Räder und auch über die Kette gelenkt wird. Das Fahrgeräusch ist geschwindigkeitsabhängig, mit Anlass- und Abstellgeräusch, die Lautstärke kann geregelt werden. Der Fahrakku 12 V/7 Ah ermöglicht eine Fahrzeit von ca. 30 Minuten.

Abmessungen des Modells

Länge:	**99 cm**
Breite:	**35 cm**
Höhe:	**30 cm**
Gewicht:	**34 kg**

3. Zivile Ketten-, Rad- und Baufahrzeuge

3.1 CATERPILLAR-Raupe D8N

Herr **Helmut Reschke, Am Vogelteich 3, 02788 Schlegel**, arbeitet als Raupenfahrer im Kohletagebau in Hagenwerder bei Görlitz. Während seines Berufslebens fuhr er Raupenfahrzeuge aus der ehemaligen UdSSR, Rumänien, Japan und den USA. Dadurch entstand bei ihm der Wunsch, ein solches Fahrzeug als Modell nachzubauen. Im Juli 1987 hatte er eine fabrikneue Raupe vom Typ CATERPILLAR D8N übernommen. Seitdem stand für Herrn Reschke fest, dass er dieses Raupenfahrzeug nachbauen wollte. Da es für dieses Gerät aber keinen Bauplan gab, wurden die Maße vom Original abgenommen und Skizzen angefertigt, danach dann die Bauzeichnungen im Maßstab 1:10 erstellt. Wie es weiter ging, lasse ich Herrn Reschke selbst erzählen:

„Während des Zeichnens machte ich mir Gedanken, wie ich den Antrieb für Fahrwerk, Planierschild und Aufreißer gestalten könnte. Da für den Antrieb nur Scheibenwischermotoren in Frage kamen, suchte ich mir eine Variante mit Schneckengetriebe vom Wartburg aus, welche ich über einen Bekannten aus einer Pkw-Werkstatt beziehen konnte. Die Steuerung des Modells erfolgt über eine Kabelfernsteuerung. Nachdem alle Zeichnungen im M 1:10 fertig waren, konnte ich die Maße direkt auf das Blech übertragen. Ich verwendete 1 bis 3 mm starkes verzinktes Stahlblech, welches mit der Handhebelschere geschnitten und im Schraubstock zwischen zwei Winkeleisen gekantet wurde. Zunächst entstand der Rahmen aus zwei Längsblechen und dem Bodenblech, das durch ein 8 x 12 mm starkes Profileisen verstärkt wurde. Danach wurden die Teile für das Fahrerhaus, den Batteriekasten, die Hydraulik, den Kraftstofftank, die Kotflügel und die Motorhaube mit Verkleidung zugeschnitten, bearbeitet, gekantet, angepasst und weich verlötet.

Die Türen im Fahrerhaus und die Motorverkleidung lassen sich öffnen. Das Planierschild und der Aufreißer wurden wie beschrieben angefertigt. Die Hydraulikschläuche bestehen aus flexiblem Kupferkabel. Am schwierigsten und aufwändigsten war die Herstellung des Fahrwerks. Dies galt insbesondere für die Fahrwerksrahmen, die Schwingen zur Aufnahme der Laufrollen und Leiträder und natürlich die Ketten. Alle Teile des Fahrwerkrahmens wurden aus 3-mm-Stahlblech elektrisch geschweißt. Alle Drehteile ließ ich mir von einem Dreher anfertigen. Nun waren die Ketten an der Reihe. Ich verwendete eine Motorradkette, welche auf der einen Seite plangeschliffen

Bilder 3.1.1 und 3.1.2 CATERPILLAR-Modell von Herrn Reschke

Bild 3.1.3 Ein weiteres Modell im M 1:10 von Herrn Reschke

Bild 3.1.4 Auch der Lkw wurde selbst gebaut: Die Baufahrzeuge von Herrn Reschke bei der Arbeit

wurde, um zu vermeiden, dass die Laufrollen von einem Glied zum anderen holpern.

Die Bodenplatten wurden aus 1,5-mm-Stahlblech geschnitten, gerichtet, zweimal gekantet und am Kettenschaken autogen aufgepunktet. Dies war eine sehr aufwändige Arbeit. Zur Betätigung des Planierschilds und des Aufreißers wurden ebenfalls Scheibenwischermotoren eingebaut. Das fertige Modell wiegt 35 kg, die reine Bauzeit, ohne Anfertigung der Zeichnungen, betrug 400 Stunden."

3.2 Kettenfahrzeug ROBBI

Herr **Michael Packolicz, Steupergstraße 7, 74389 Cleebronn**, hatte die Absicht, einen Bergepanzer zu bauen. Doch zuvor wollte er an einem zivilen Modell alles erproben, was auch nachher der Bergepanzer ausführen sollte und so entstand die Studie ROBBI. Das Modell wurde aus 2-mm-Alublech gebaut und wird von zwei Elektromotoren angetrieben. Der Kran ist bereits so ausgelegt, dass er später für den Bergepanzer übernommen werden kann. Sein Drehkranz läuft auf Kugeln mit einem Durchmesser von 3,5 mm, er dreht sich nach rechts und links, der Antrieb erfolgt durch einen Elektromotor. Ein weiterer Motor ist für das Heben und Senken des Kra-

Bild 3.2.1 ROBBI, Studie eines Kettenfahrzeuges von Herrn Michael Packolicz

Bild 3.2.2 ROBBI mit ausgefahrenem Kranausleger

Bild 3.2.3 ROBBI beim Klettern

nauslegers vorgesehen. ROBBI ist in der Lage, eine Last von 6 kg anzuheben. Dabei muss aber das Räumschild abgesetzt sein, um das Fahrzeug abzustützen.

3.3 CATWIESEL als Kranfahrzeug

Herr **Josef Jarosch, Angerbachring 22, A-5201 Seekirchen**, berichtet mir von seinem Conrad-Baukastenmodell CATWIESEL, das er in einer Bauzeit von 2 Jahren zu einem Kranfahrzeug umgebaut hat. Hier der Bericht von seinem Modell:

„Das Fahrwerk wurde pro Seite mit je einem Rad mehr ausgebaut. Das Getriebe, je eines pro Kette, wurde zusätzlich mit 50:10 Zähnen untersetzt. Dazu kamen in die Wanne noch das Servo für das Schild und die aus Alu-Vierkant ausziehbaren und absenkbaren Stützen. Die Stützen selbst wurden schwenkbar gelagert, um sie bei Nichtgebrauch einklappen zu können. Sie werden magnetisch festgehalten.

Auch das Fahrerhaus musste sich einigen Änderungen unterziehen. Das Dach zur Frontscheibe hin wurde abgeschrägt und die Fenster runder gestaltet. Die Scheiben bestehen aus getöntem Plexiglas, um das Innenleben

Bild 3.3.1 CATWIESEL als umgebautes Kranfahrzeug von Herrn Josef Jarosch

Bild 3.3.2 Kranausleger hochgefahren

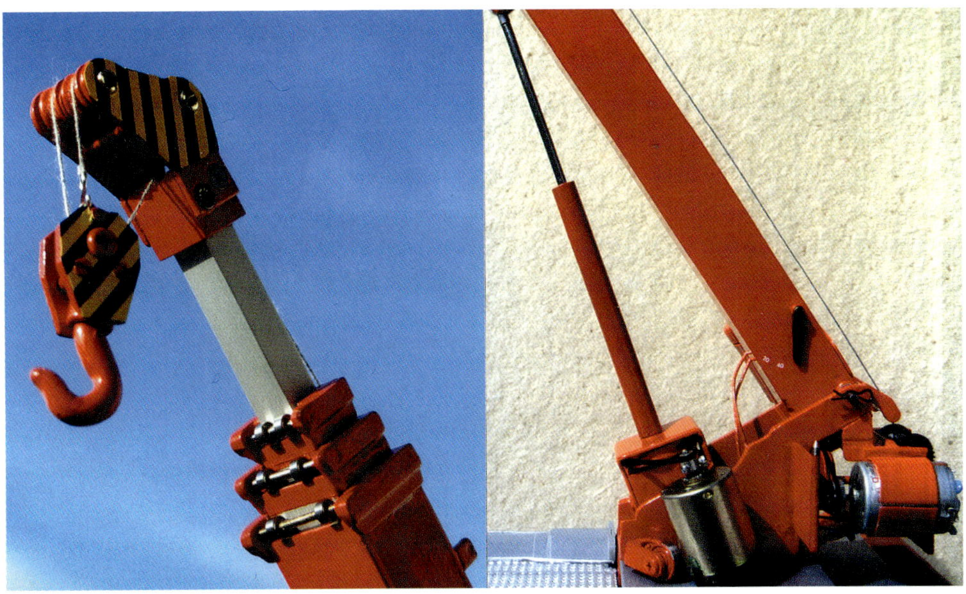

Bild 3.3.3 Kranausleger mit Teleskoparm

zu verdecken. Neben der normalen Beleuchtung wurden zwei Dachlampen und eine Rundumkennleuchte eingebaut. Die Stromversorgung des Modells erfolgt aus zwei parallel geschalteten 6 V/3Ah-Bleiakkus.

Den Kranaufbau wie auch die Motorabdeckung und das Führerhaus fertigte ich aus ABS-Kunststoffplatten. Die Kühlschlitze wurden mit einer Laubsäge ausgesägt, zusätzliche Luftschlitze entstanden aus aufgeklebten Blechstreifen. Der Drehkranz des Kranauslegers ist kugelgelagert. Ein Getriebemotor aus einem ausgeschlachteten Videorecorder treibt ihn an.

Der Teleskoparm besteht aus Alu-Vierkantrohr und einer kugelgelagerten 3-mm-Gewindestange, die am Ende abgeschrägt wurde, um ein „Hinauslaufen" zu verhindern. Die Gewindestange bewegt den Dreifachausschub und sorgt für das Heben und Senken des Kranauslegers. Ebenfalls kugelgelagert ist der Ausschub, um beim Ausschieben und Einziehen des Teleskoparms unter Belastung funktionstüchtig zu bleiben. Der Flaschenzug und die Haken wurden aus Messing handgefertigt."

Technische Daten

Länge:	**41 cm**
Breite:	**26 cm**
Gewicht:	**7 kg**
Teleskoparmhöhe ausgefahren:	**84 cm**
Hubkraft:	**1,5 kg**
Fahrzeit:	**30 min**

Als weiteres Modell baute Herr Josef Jarosch einen GEPARD-Flakpanzer von Tamiya im Maßstab 1:16 zu einem Bergepanzer um. Außerdem baute er einen zweiten Fahrmotor in das Modell ein, da er mit den beiden Kupplungen nicht zufrieden war und änderte noch weiter Kleinigkeiten.

Bild 3.3.4 Blick in die Wanne auf den Schildantrieb

Bild 3.3.5 Bergepanzer im Maßstab 1:16, Umbau aus einem Tamiya-GEPARD von Herrn Jarosch

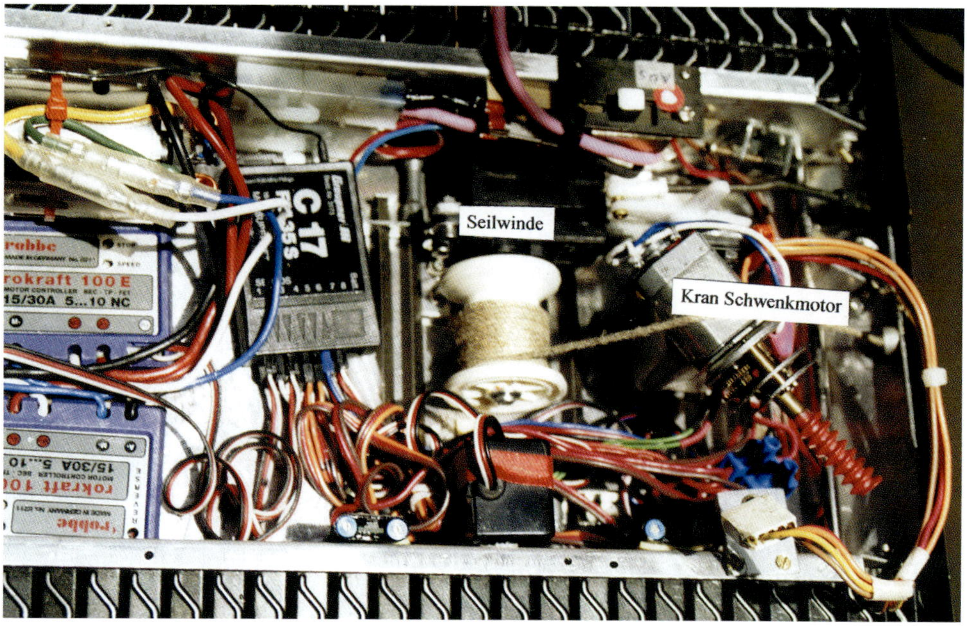

Bild 3.3.6 Ein Blick in die Wanne des Modells von Herrn Jarosch

3.4 Raupenschlepper

Herr **Johannes Schneider, Eschenburgstraße 33 E, 23568 Lübeck**, baute einen Raupenschlepper. Das Modell ist 420 mm lang, 250 mm breit und 210 mm hoch. Die Wanne wurde aus Aluminium, die Karosserie aus Kunststoff gefertigt. Achsen und Hebel bestehen aus Stahl. Das Baufahrzeug wird von zwei Elektromotoren angetrieben, die Ketten und Zahnräder stammen von der der Firma Conrad-Electronic.

3.5 Eine Familie im Modellbaufieber

Begonnen hat es vor über 20 Jahren mit einem Bausatz eines Flugzeugmodells. Doch schnell stellte sich heraus, dass Herrn **Wilfried Kühnel, Arberstraße 24, 94577 Winzer**, Anschauungsmodelle nicht genügten, sie mussten sich bewegen und zwar genau so wie die Originale. Funktionsmodelle von Baumaschinen, Muldenkippern und Planierraupen entstanden zunächst aus den unterschiedlichsten Materialien. Die Begeisterung von Herrn Kühnel steckte seine Brüder Rudolf und Andreas sowie seinen Neffen, Herrn Manuel Fendl, an.

Bild 3.4.1 Raupenschleppermodell von Herrn Schneider

Bild 3.4.2 Ein Blick in das Fahrerhaus des Modells

Bild 3.5.1 Modell einer CATERPILLAR-Raupe D10N im Maßstab 1:5

Bild 3.5.2 Modell des FAUN-Muldenkippers im Maßstab 1:7

Seit damals bauen die begeisterten Modellbauer Funktionsmodelle in den Maßstäben 1:7 und 1:6. Einige dieser Modelle möchte ich vorstellen. Da gibt es die Mercedes-Zugmaschine, an der der Scheuerle-Tieflader hängt und auf diesem wird der Liebherr-Bagger transportiert. Der Bagger ist mit einem Tieflöffel ausgerüstet, der ein Fassungsvermögen von 1,5 Litern hat.

Angetrieben wird er von zwei Scheibenwischermotoren. Ein weiteres Modell der beiden Brüder ist der wohl größte Modellbaukran, der je gebaut wurde. Vorbild ist ein siebenachsiger 360-Tonnen-Teleskopkran der Firma Faun. Da dieses Modell ebenfalls im Maßstab 1:7 gebaut wurde, sind die Abmessungen gewaltig! Seine Länge beträgt 2,4 m und wenn der Teleskopkran ausgefahren ist, erreicht er eine Höhe von 4,85 m. Das Modell wiegt fast 50 kg. Das Vorbild hat Herr Kühnel auf einer Baustelle beim Münchener Flughafenbau gesehen und dabei entstand bei ihm der Wunsch, den Kran als Modell nachzubauen.

Es blieb nicht nur beim Bau von Baumaschinen, Militärfahrzeuge kamen hinzu, die besonders bei Freunden und Bekannten großes Interesse fanden. Die ersten Panzermodelle entstanden in Holzbauweise, PVC-Platten wurden für die Verkleidung vorgesehen. Der Antrieb erfolgte mit 12-Volt-Scheibenwischermotoren, die Federung bestand aus herkömmlichen Zugfedern. Obwohl die Fahrzeuge optisch einen guten Eindruck machten, waren die Brüder mit den Fahrergebnissen nicht zufrieden.

Jahrelang wurde getüftelt, wie man den Fahrbewegungen der Originalpanzer so nahe wie möglich kommen könnte. Die Holzbauweise wurde aufgegeben und ein Schutzgasschweißgerät angeschafft, um die Wanne in Aluminium anfertigen zu können. Bruder Rudolf wollte mehr Motorkraft für die meist in den Maßstäben 1:7 und 1:6 gebauten Panzermodelle und so wurde die Motorisierung auf 24-Volt-Lüftermotoren umgestellt. Manuel entwickelte dafür die erforderlichen Schneckengetriebe. Auch das Fahrwerk wurde überarbeitet und von Zugfedern auf Torsionsfedern umgestellt. Bereits bei den ersten Fahrversuchen zeigten sich positive Auswirkungen auf das Fahrverhalten der Modelle.

Neben den Fahreigenschaften wurde ebenfalls großer Wert auf die Detailtreue und Detailvielfalt gelegt. Zubehörteile wie Spaten, Schaufeln, Feuerlöscher, Ersatzkettenglieder, Schneegreifer und Abschleppseile gehören dazu, ebenso wie eine funktionierende Rundumkennleuchte. Herr Kühnel schreibt weiter:

„Alle unsere Panzermodelle sind aus 2-3 mm starken Aluplatten zusammengeschweißt. Unsere Drehstabfedern wurden nochmals verbessert und jeder Achsschenkel bei den Modellen GEPARD und DACHS bekam eine eigene Feder. Beim 24-Volt-Antrieb arbeiten wir noch mit den bewährten Schneckengetrieben, wobei wir uns die Schnecken selbst anfertigen. Der Motor ist nach wie vor ein Lüftermotor (750 Watt). Da wir mit diesem Antrieb sehr zufrieden sind, werden wir in Zukunft wohl keinen neuen Antrieb entwickeln. Auch die Alubauweise werden wir in den nächsten Panzermodellen verwenden.

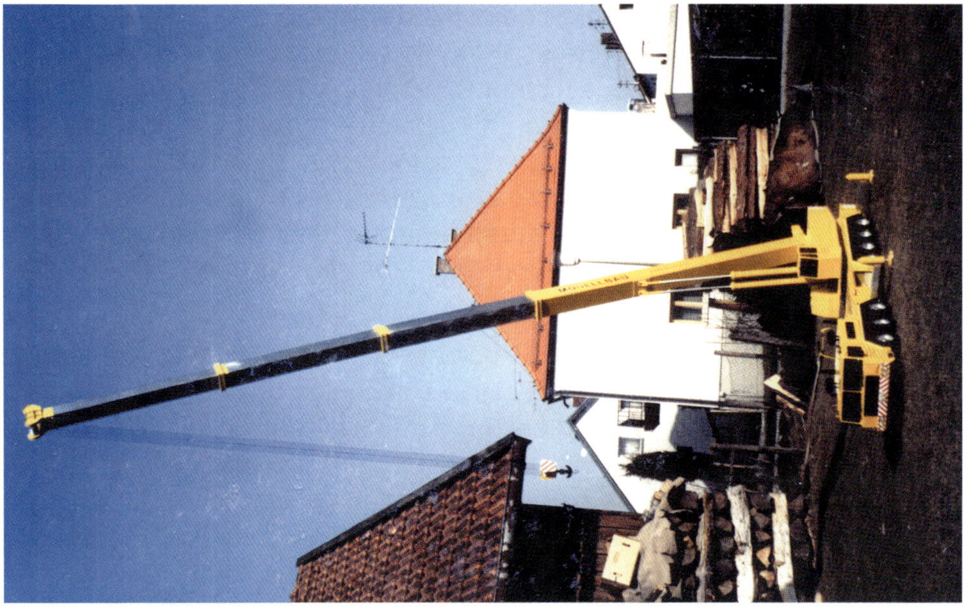

Bild 3.5.3 Modell des FAUN-LIEBHERR Teleskopkrans im Maßstab 1:7.
Höhe: 4,85 m

Bild 3.5.4 Modell des LIEBHERR-Raupenkrans im Maßstab 1:5.
Hubkraft 100 kg, Grundfläche 1,8 x 2,1 m

Bild 3.5.5 Modell des Bergepanzers M 88 A1 im Maßstab 1:5

Bild 3.5.6 Modell des Brückenlegepanzers auf M 48-Fahrgestell

Bild 3.5.7 Brückenlegepanzer M 48 beim Aufklappen der Brücke

Bild 3.5.8
Der Erbauer und sein
Modell

Bild 3.5.9 Das Modell eines LEOPARD 2A6 fährt über eine Brücke

Bild 3.5.10 Modell des Schützenpanzers M 113 im Maßstab 1:7.
(Die Besatzungsfiguren sind maßstäblich aber zu klein geraten.)

Bild 3.5.11 Modell eines LEOPARD 1A1. Dieses Modell ist tiefwatfähig, Wanne und Turm sind wasserdicht

Bild 3.5.12 Modell der Panzerhaubitze M 110 im Maßstab 1:7

Vor ein paar Jahren zeigten wir unsere Modelle mit sehr großem Erfolg auf einer eigenen Modellbauausstellung, ca. 1200 Besucher kamen.

Bisher haben wir folgende Panzermodelle im Maßstab 1:7 gebaut:

M113, LEOPARD 1, LEOPARD 2A5, LEOPARD 2A6, Bergepanzer BÜFFEL, Panzerhaubitze M 110, MARS, M 48-Brückenleger, M 48-Kampfpanzer (M 1:6), SLT-50 ELEFANT, KÖNIGSTIGER und JAGDPANTHER.

In Arbeit sind z. Zt. die Panzer GEPARD, DACHS, KEILER und LEOPARD 1A4. Mein Bruder Andreas baut den MARDER 1A3."

4. Militärische Dioramen

4.1 Panzerkaserne ERWIN ROMMEL

Beim Dioramenbau kommt es ganz besonders darauf an, Motive und Szenen aus dem täglichen Leben so vorbildgetreu wie möglich nachzugestalten, denn ein Diorama zeigt unsere Welt im Kleinen. Wer mit offenen Augen durch die Welt geht, etwas Fantasie und Kreativität besitzt, dem wird es nicht schwer fallen, seine Ideen im Dioramenbau zu verwirklichen.

Da ich sehr oft die Möglichkeit hatte, verschiedene Bundeswehrkasernen zu besuchen, entstand die Idee, einmal so eine Panzerkaserne als Diorama im Maßstab 1:87 aufzubauen.

Der Maßstab 1:87 bot sich deshalb an, da es sich dabei um den Maßstab der Modelleisenbahn der Spur H0 handelt und es für diesen Maßstab die meisten Häuserbausätze, Bäume und Figuren gibt. Dank der Firma ROCO fehlt es auch nicht an den verschiedensten Panzermodellen in diesem Maßstab. Also konnte die Arbeit beginnen und ich entschloss mich, eine Panzerkaserne zu bauen, der ich den Namen ERWIN ROMMEL gab. Die Kasernenanlage ist auf einer Grundplatte mit den Abmessungen 1,3 x 0,8 m aufgebaut.

Die größte Schwierigkeit war, passende Gebäudebausätze zu finden, da es zum Zeitpunkt des Baus noch keine Bausätze für militärische Anlagen gab. So blieb mir nichts übrig, als Gebäudebausätze auszuwählen, die sich durch Umbauten und Umlackieren einigermaßen als Kasernengebäude verwenden ließen. Im Katalog der Firma kibri fand ich die Bausätze, die ich benötigte: Wohnhäuser wurden zu Kasernengebäuden und der Bahnhof „Klingenberg-Colmnitz" der Firma Auhagen zur Hauptunterkunft für die Soldaten umfunktioniert. Vor dem Zusammenbau wurden alle Außenwände der Gebäude mit einer matten, oliven Farbe lackiert.

ERWIN ROMMEL
KASERNE
ERWIN ROMMEL KASERNE
6. Panzer Division

ERWIN ROMMEL KASERNE
6. Panzer

Bilder 4.1.1 bis 4.1.4 *Diorama einer Panzerkaserne*

Nach dem Zusammenbau der Häuserbausätze stand noch keinesfalls fest, wo genau die einzelnen Häuser auf der Platte zu stehen kommen sollen. Erst nach vielen Stellproben und dem Hin- und Herschieben der Gebäude und nachdem der optische Eindruck befriedigend war, erstellte ich eine Lageskizze.

Der größte Teil der Bodenplatte ist mit Betonplatten der Firma kibri beklebt. Grasmatten und Beleuchtungskörper wurden befestigt. Auf der Südseite wurde ein Gleis für den Bundesbahnanschluss verlegt. Nachdem alle Häuser, Panzergaragen und Gebäude aufgebaut waren, konnte ich die Panzer und andere Militärfahrzeuge sowie die Soldatenfiguren ankleben.

Dargestellt wird auf meinem Diorama eine Paradeaufstellung der LEOPARD-Panzer vor der Ausfahrt zu einem Manöver. Drei Panzertransportfahrzeuge, beladen mit Panzern, setzen sich gerade in Bewegung und verlassen das Kasernengelände. Da der Betonbelag auf einem richtigen Kasernengelände durch Ketten- und Reifenspuren im Laufe der Zeit sehr in Mitleidenschaft gezogen wird, habe ich diese Kettenspuren künstlich aufgemalt, um ein realistisches Bild zu schaffen. Vor dem Haupteingang stehen zwei Panzer des Afrikacorps aus dem 2. Weltkrieg zur Erinnerung an Feldmarschall Erwin Rommel, dessen Namen die Kaserne trägt.

Für die Ausgestaltung des Kasernengeländes wurden 11 Gebäude (kibri), 27 Bäume (NOCH), 33 Panzer (ROCO), 14 Militärfahrzeuge (ROCO), 14 zivile Fahrzeuge (herpa, Wiking, PREISER) und ca. 250 Soldaten (PREISER) verwendet.

Nachdem ich das Diorama auf mehreren Modellbauaustellungen gezeigt hatte, habe ich es dem Panzermuseum in Munster gestiftet, wo es in Halle 5 besichtigt werden kann.

4.2 Tag der offenen Tür in einer Bundeswehrkaserne

Als ich einige Zeit nach dem Bau der Panzerkaserne den neuen kibri-Katalog aufschlug, traute ich meinen Augen kaum, denn dort fand ich unter dem Titel „Herbstmanöver" Bausätze zum Bau einer Bundeswehrkaserne. Meine Begeisterung war groß und mein Entschluss stand fest, mit diesen neuen Gebäuden ein weiteres Diorama einer Kaserne aufzubauen. Diesmal sollte das Thema lauten: „Tag der offenen Tür".

Die im Modell dargestellte Kasernenanlage hat eine Größe von 1,4 x 0,8 m. Ich habe ihr den Namen „Rantzau-Kaserne" gegeben. Auf dem Grundbrett wurden die Haupteinfahrt mit zwei Wachhäusern im Vordergrund, links ein

Gebäude der Standortkommandantur, in der Mitte und rechts drei Unterkunftsgebäude und im Hintergrund drei Gebäude mit je vier Panzergaragen und eine Tankstelle aufgebaut.

In einer großen Waffenschau auf den freien Plätzen des Kasernengeländes können die Besucher Panzer fast aller Typen besichtigen, die bei der Bundeswehr im Einsatz sind. Vor dem Haus B hat ein Musikzug, in historische Uniformen gekleidet, Aufstellung genommen, um die hereinströmenden Besucher mit Marschmusik zu begrüßen. Im Hintergrund hat ein Brückenlegepanzer BIBER während einer Vorführung gerade seine Brücke abgelegt und ein LEOPARD 2 fährt darüber.

Im Garten der Standortkommandantur werden der Bürgermeister der Garnisons-Stadt und andere Politiker mit ihren Frauen empfangen. Dort steht auch ein Kaltes Buffet für Offiziere und Gäste bereit.

Vor dem Kasernenzaun, auf der Hauptstraße, haben sich einige Chaoten zu einer Demo zusammengefunden. Die Polizei ist bereits mit einem Mannschaftswagen angerückt und stoppt die Demonstranten vor dem Haupteingang der Kaserne. Von rechts kommt ein von drei Polizeimotorrädern eskortierter Wagen, in dem der Verteidigungsminister sitzt, der zu einem

Tor 5
Tor 6
Große Waffenschau
Vorführungen zu jeder vollen Stunde
Zur Festwiese
Verwaltung
Haus A
Herzlich willkommen zum
Tag der offenen Tür beim
Panzerbataillon 315
Zur Waffenschau
Herzlich willkommen zum
Tag der offenen Tür beim
Panzerbataillon 315

Bilder 4.2.1 bis 4.2.4 Diorama „Tag der offenen Tür in einer Kaserne“

Besuch angemeldet ist. Drei Fernsehteams sind auf dem Gelände unterwegs, um vom Tag der offenen Tür zu berichten. Verwendet wurden Gebäudebausätze von kibri, Bäume von NOCH, Figuren und Soldaten von PREISER und Panzermodelle von ROCO.

Nachdem ich auch diese Kasernenanlage auf vielen Ausstellungen gezeigt habe, habe ich sie der „Rantzau-Kaserne“ in Boostedt, Holstein gestiftet, wo sie heute im Eingangsbereich steht.

Quellenverzeichnis:

Waffensysteme der Bundeswehr,

Report Verlag

Panzer und andere Kampffahrzeuge von 1916 bis heute,

Buch- und Zeit Verlagsgesellschaft mbH, Köln

Die Kampfpanzer LEOPARD und ihre Abarten von Walter J. Spielberger,

Motorbuch Verlag Stuttgart,

Kampfpanzer LEOPARD von Raimund Knecht,

Wehr & Wissen Verlag SOLDAT UND TECHNIK

Firmenschriften der Firmen:

MaK Systems GmbH und *Krauss-Maffei Wegmann GmbH & Co KG*

Weitere Informationen zur Material- und Werkzeugbeschaffung finden Sie bei:

Bernard & Graefe Verlag GmbH & Co. KG, D-53123 Bonn

Dickie-Tamiya Modellbau GmbH & Co. KG, D-90765 Fürth

Husemann-Automodellbauzubehör, D-33729 Bielefeld

Müller, Peter, Sonderfahrzeug-Modellbau, D-31061 Alfeld

R&G Faserverbundwerkstoffe GmbH, D-71111 Waldenbuch

RC Machines, RCM S.àr.l., L-6131 Junglinster

Schink's Modellbau, D-29496 Waddeweitz